AF628727

Vorwort

Unsere Hunde sind unsere treuesten Freunde. Ob als Hütehund, Jagdhund oder Familienhund, sie begleiten unseren Alltag. Wir lieben unseren Hund wie ein Familienmitglied und sorgen uns neben Futter, Kuscheleinheiten und Auslauf auch um seine Gesundheit. Das gilt nicht nur für uns Menschen heute, sondern diese Sorge begann bereits vor mehr als 15 000 Jahren mit der Domestikation des Hundes. Damals gab es noch keine Tabletten oder Spritzen, sondern die Menschen verwendeten die Pflanzen ihrer Umgebung, um Krankheiten zu lindern und zu heilen. Welche Heilpflanzen bei welchen Erkrankungen wirksam sind, lernten die Menschen nicht nur durch Ausprobieren, sondern auch durch Beobachtung von Tieren. Viele Tiere wissen instinktiv, was ihnen wann guttut.

In diesem Buch finden Sie altes Wissen und neueste wissenschaftliche Erkenntnisse über Heilpflanzen kombiniert und erhalten wertvolle Informationen über ihre erfolgreiche Anwendung beim Hund.

Es würde mich freuen, wenn ich mit diesem Buch einen Beitrag dazu leisten könnte, Ihrem Hund mit sanfter Medizin ein möglichst langes und gesundes Leben zu ermöglichen.

Ihre Dorina Lux

Inhalt

Dr. med. vet. Dorina Lux

Grüne Hausapotheke für Hunde

Kompakt-Ratgeber

Haben Sie Fragen an den Verlag?
Anregungen zum Buch?
Erfahrungen, die Sie mit anderen teilen möchten?

Besuchen Sie unsere sozialen Netzwerke:
www.mankau-verlag.de/forum

mankau

Impressum

Bibliografische Information der Deutschen Nationalbibliothek
Die Deutsche Nationalbibliothek verzeichnet diese Publikation in der Deutschen Nationalbibliografie; detaillierte bibliografische Daten sind im Internet über http://dnb.d-nb.de abrufbar.

Dr. med. vet. Dorina Lux
Grüne Hausapotheke für Hunde
Heimische Heilpflanzen sicher anwenden
Kompakt-Ratgeber
ISBN 978-3-86374-641-4
1. Auflage April 2022

Mankau Verlag GmbH
D-82418 Murnau a. Staffelsee
Im Netz: www.mankau-verlag.de
Internetforum: www.mankau-verlag.de/forum

Lektorat: Redaktionsbüro Julia Feldbaum, Augsburg
Endkorrektorat: Susanne Langer-Joffroy M. A., Germering
Cover/Umschlag: Manfred Böhm
Layout: X-Design, München
Bildredaktion, DTP: Lydia Kühn, Aix-en-Provence, Frankreich
Energ. Beratung: Gerhard Albustin, Raum & Form, Winhöring

Bildnachweis:
© stock.adobe.com 4, 6–7: Sabine Schönfeld; 5, 56–57: Reddogs; 9: Paylessimages; 11: Grubärin; 12: Hans und Christa Ede; 19: cynoclub; 20: Elena; 22: bit24; 47: pitrs; 53: Cavan; 58: Andrey Kuzmin; 60: Dixi_; 61: niteenrk; 63: goldbany; 64 l., 65, 141: Liudmila; 64 r.: ekim; 68, 69: Pixelrohkost; 71, 72: Susanne; 75: Malia; 76, 77: Reinhold Einsiedler; 78, 80: Iuliia; 78 r.: osoznaniejizni; 81, 82: JRG; 81 r.: simona; 84 o.l.: aga7ta, o.r.: LFRabanedo, m.: vodolej; u.l.: Siur; u.r.: nickkurzenko; 85, 86: SergeyCash; 91, 93: tunedin; 98, 99: fotoknips; 100, 101: Jakob; 88, 89, 103 r., 108, 124, 125: Ruckszio; 95, 96: Michael; 103,104: irottlaender; 106, 107: Wolfgang; 106 r.: Vitalii Kazannyk; 109 l: anamejia18; 109, 110: LFRabanedo; 114, 115: Heike Rau; 118 l.: LianeM; r.: evbrbe; 119, 120: sebi_2569; 121, 122: papava; 123: pgm; 127, 128: simona; 131, 133: Julitt; 135, 137: orestligetka; 138, 139: Kanusommer; 138 r.: svehlik; 142, 143: skymoon13; 145: behewa; 146, 148: Peer Marlow; 146 r.: Heiko Küverling; 149 l.: Goran, r.: ihorhvozdetskiy; 150 r.: fedsax; 153, 154: orestligetka; 150 r., 151: Anastasiia Malinich; 152: thomasc3
© bubös 60 u.; **© Grafikstudio Heike Brückner, Regensburg** 113

Druck: Westermann Druck Zwickau GmbH, Zwickau/Sachsen

»Ich bin ein Öko-Buch!«
Das im Innenteil eingesetzte EnviroTop-Recyclingpapier wird ohne zusätzliche Bleiche, ohne optische Aufheller und ohne Strichauftrag produziert. Es besteht zu 100 % aus recyceltem Altpapier und entstammt einer CO_2-neutralen Produktion. Das Papier trägt das Umweltzeichen »Der blaue Engel«.

Hinweis für die Leser:
Die Autorin hat bei der Erstellung dieses Buches Informationen und Ratschläge mit Sorgfalt recherchiert und geprüft, dennoch erfolgen alle Angaben ohne Gewähr. Verlag und Autorin können keinerlei Haftung für etwaige Schäden oder Nachteile übernehmen, die sich aus der praktischen Umsetzung der in diesem Buch vorgestellten Anwendungen ergeben. Bitte respektieren Sie die Grenzen der Selbstbehandlung, und suchen Sie bei Erkrankungen einen erfahrenen Arzt oder Heilpraktiker auf.

Heilpflanzenprofile 57

Heilkräuter Basiswissen

Im ersten Teil des Buches erhalten Sie wertvolle Information über die Inhaltsstoffe, das Sammeln und die Verarbeitung von Heilpflanzen. Außerdem erfahren Sie, welche Krankheiten Sie erfolgreich mit Heilkräutern therapieren können.

Heilpflanzen und ihre Wirkstoffgruppen

Leider ist das Wissen unserer Vorfahren mit der Entwicklung chemischer Arzneimittel in Vergessenheit geraten, obwohl viele moderne Medikamente auf pflanzlichen Inhaltsstoffen beruhen. Erst in neuerer Zeit hat man begonnen, die Wirkung von Heilpflanzen wissenschaftlich zu erforschen, und entdeckt, dass sie vielen modernen Arzneimitteln in der Wirkung in Nichts nachstehen und dabei oft besser verträglich sind und weniger Nebenwirkungen haben.

Jede einzelne Heilpflanze enthält eine Vielzahl unterschiedlicher Nährstoffe, Mineralstoffe, Spurenelemente und Vitamine. Einige dieser Inhaltsstoffe haben eine medizinische Wirkung, andere spielen vor allem eine ernährungsphysiologische Rolle. Die Wirkung einer Heilpflanze beruht also immer auf der Wirkung *mehrerer* Inhaltsstoffe. Diese können auf unterschiedliche Art und Weise interagieren und auf den Organismus wirken. Sie können synergistisch arbeiten, sodass die medizinische Wirkung der gesamten Heilpflanze größer ist als die ihrer Einzelsubstanzen. Dies trifft zum Beispiel auf die Brennnessel zu, die mehrere entzündungshemmende Substanzen enthält.

Die Wirkstoffe können sich aber auch ergänzen: Ringelblumenblüten enthalten beispielsweise antimikrobielle,

Ist der Hund glücklich, ist es auch der Mensch.

entzündungshemmende und wundheilungsfördernde Wirkstoffe, die sie zu einem optimalen Therapeutikum für frische Wunden machen. Um den gleichen Effekt mit chemischen Arzneimitteln zu erreichen, müsste man mehrere kombinieren.

Manche Heilpflanzen enthalten auch Inhaltsstoffe, die ihre eigenen Nebenwirkungen kompensieren, ohne ihre Wirkung zu beeinträchtigen. Oder die aktive Wirkstoffform entsteht erst im Körper.

Nachfolgend finden Sie Beschreibungen der wichtigsten Wirkstoffgruppen.

Alkaloide

Alkaloide sind wasserlösliche Substanzen und zählen zu den am stärksten wirksamen Inhaltsstoffen. Sie können bei falscher Anwendung oder Dosierung schädlich oder gar tödlich für Ihren Hund sein. Zum Schutz Ihres Hundes sollten Sie alkaloidreiche Heilpflanzen nur auf ausdrückliche Empfehlung Ihres Tierarztes oder Tierheilpraktikers anwenden, weshalb in diesem Buch auf die ausführliche Darstellung alkaloidreicher Heilpflanzen verzichtet wurde.

Ätherische Öle

Ätherische Öle sind Gemische flüssiger, flüchtiger und fettlöslicher Substanzen. Sie sind verantwortlich für den typischen Geruch einer Pflanze und können ganz unterschiedliche Wirkung haben. Es gibt ätherische Öle mit entzündungshemmender, antibakterieller, antiviraler, verdauungsfördernder, krampflösender, harntreibender und beruhigender Wirkung, um nur einige Beispiele zu nennen. Auch die insektenrepellierende (insektenabwehrende) Wirkung einiger Heilpflanzen beruht auf ätherischen Ölen.

Da ätherische Öle leicht flüchtig sind, sollten Heilpflanzen mit einem hohen Gehalt möglichst unzerkleinert, dunkel, kühl und nicht über mehrere Jahre gelagert werden. Sie sind sonst wirkungslos. Zu den Pflanzen, die reich an ätherischen Ölen sind, zählen zum Beispiel Salbeiblätter und Fichtenspitzen.

Bitterstoffe

Bitterstoffe können zu ganz verschiedenen Substanzklassen gehören, die aber alle nach dem gleichen Prinzip wirken. Der bittere Geschmack fördert die Sekretion von Speichel, Magensaft und Galle. Bitterstoffreiche Pflanzen, wie z. B. Löwenzahn, wirken dadurch appetitsteigernd und verdauungsfördernd bei Beschwerden im Magen-Darm-Trakt.

Flavonoide

Flavonoide kommen in allen blühenden Pflanzen vor. Durch ihre antioxidativen Eigenschaften als Radikalfänger wirken sie entzündungshemmend und spielen eine wichtige Rolle in der Wundbehandlung (z. B. Ringelblumenblüten) oder bei der Therapie degenerativer Erkrankungen (z. B. Mariendistel bei Lebererkrankungen und Weißdorn bei Herz-Kreislauf-Erkrankungen).

Eine Pause im Grünen

Gerbstoffe

Pflanzliche Gerbstoffe sind schwach saure, wasserlösliche Substanzen. Sie werden nicht resorbiert, sondern wirken lokal, indem sie in den oberen Haut- und Schleimhautschichten Eiweißmoleküle vernetzen. Dadurch entsteht eine weitgehend undurchlässige Schicht (Membran). Diese Membran schützt den Körper vor eindringenden Bakterien und der Wirkung giftiger Substanzen, wirkt schwach lokalanästhetisch und reduziert den Flüssigkeitsverlust, z. B. bei Durchfällen. Gerbstoffe binden außerdem Schwermetalle und Alkaloide, weshalb sie bei Vergiftungen als Gegengift (Antidot) angewendet werden können. Zu den gerbstoffreichen Pflanzen zählt zum Beispiel die Heidelbeere.

Beagle mit gelbem Enzian

Mineralstoffe und Spurenelemente

Sie spielen vor allem eine ernährungsphysiologische Rolle, doch haben einige von ihnen auch medizinische Wirkung. So wirkt zum Beispiel der hohe Kaliumgehalt der Brennnessel harntreibend.

(Pflanzliche) Öle und Fettsäuren

Diese Öle und Fettsäuren unterscheiden sich von ätherischen Ölen, da sie nicht leicht flüchtig und fast geruchlos sind. Ungesättigte Fettsäuren wirken entzündungshemmend und können Ihrem Hund auch innerlich verabreicht werden. Andere Fettsäuren finden insbesondere äußerlich, bei der Therapie von Hauterkrankungen, Verwendung.

Phenylpropanderivate

Zu ihnen gehören verschieden Substanzen, die sehr unterschiedlich wirken können. Kaffeesäureester (z. B. im Salbei) sind entzündungshemmend, während Cumarine (z. B. im Liebstöckel) krampflösend und beruhigend und Phenolcarbonsäuren (z. B. in der Weidenrinde) entzündungshemmend und antimikrobiell wirken.

Polyketide

Zu den Polyketiden gehören viele unterschiedliche Substanzen mit ganz unterschiedlichen Wirkweisen. Ein wichtiger Vertreter sind die antimikrobiell wirkenden Acylphloroglucinole des Johanniskrauts.

Saponine

Saponine sind Substanzen, die sowohl einen wasserlöslichen als auch einen fettlöslichen Anteil besitzen, sodass sie als Lösungsvermittler zwischen wasser- und fettlöslichen Substanzen dienen. Sie werden nur im geringen Maße vom Körper aufgenommen und entfalten ihre Wirkung vor allem lokal. Sie werden häufig zum Schleimlösen bei Entzündungen der oberen Atemwege eingesetzt.

Scharfstoffe

Diese Wirkstoffgruppe enthält chemisch sehr unterschiedliche Substanzen, deren Gemeinsamkeit der scharfe Geschmack ist. Sie reizen die Thermo- und/oder Schmerzrezeptoren der Haut und Schleimhaut und führen dadurch zu einer verstärkten Durchblutung. Im Darm regen sie die Sekretion an und verstärken die Peristaltik. Zu den scharfstoffreichen Heilpflanzen zählen zum Beispiel die Kapuzinerkresse und der Knoblauch. Einige Scharfstoffe haben zusätzlich spezifische Wirkungen, wie die antibakterielle Wirkung der Senföle in der Kapuzinerkresse.

Schleimstoffe

Bei den Schleimstoffen handelt es sich in der Regel um lange, weit verzweigte Ketten aus Zuckermolekülen (Polysacchariden). Obwohl sie aus Zuckermolekülen bestehen, sind sie weitestgehend geschmacklos. Unter

Zugabe von Wasser wird dieses zwischen den Ketten eingelagert, die Polysaccharide quellen und bilden einen gelartigen oder zähen Schleim. Dieser legt sich reizmildernd und entzündungshemmend auf Haut und Schleimhaut. Sie finden Verwendung bei trockenem Reizhusten, Entzündungen der Mund- und Rachenschleimhaut, stark juckenden Ekzemen, Magenschleimhautentzündungen und -geschwüren sowie bei Verstopfung. Beispiele für schleimstoffreiche Heilpflanzen sind Malve und Spitzwegerich. Einige Schleimstoffe wirken zusätzlich immunstimulierend.

(Herzwirksame) Steroidglykoside

Herzwirksame Steroidglykoside zählen zu den starken Wirkstoffen. Für sie gilt das Gleiche wie für die Alkaloide, sie sollten nur auf ausdrückliche Empfehlung durch einen Tierarzt oder Tierheilpraktiker verabreicht werden!

Terpene

Auch zu den Terpenen zählt eine Vielzahl von Untergruppen mit sehr unterschiedlichen Wirkungen.
Hier werden zum Beispiel die entzündungshemmenden Iridoidglykoside des Spitzwegerichs, die entzündungshemmend und immunmodulierend wirkenden Sesquiterpene der Kamillenblüten und die wundheilungsfördernden Triterpensaponine der Ringelblumenblüten genannt.

Heilpflanzen selbst gewinnen

In diesem Kapitel erhalten Sie Informationen darüber, was Sie beim Anbauen und Sammeln von Heilpflanzen beachten müssen und welche Alternativen Sie haben, Heilpflanzen zu erwerben.

Eigenanbau

Wenn man die Möglichkeit dazu hat, ist der Anbau von Heilpflanzen im eigenen Garten empfehlenswert. Dies muss nicht mehr Arbeit bedeuten, ganz im Gegenteil: Viele der Heilpflanzen, wie die Brennnessel, werden im Garten als Unkräuter verschmäht und regelmäßig gejätet oder abgemäht. Wenn Sie stattdessen die Pflanzen einfach wachsen lassen, verwandelt sich Ihr Garten innerhalb kurzer Zeit in eine grüne Hausapotheke.

INFO

SAMENKUNDE

Bei der Auswahl der Samen ist darauf zu achten, dass sie für den Anbau als Heilpflanze geeignet sind. Viele der im Handel befindlichen Samen gehören zu auf Aussehen gezüchteten Gartenvarietäten und eignen sich leider nicht zur therapeutischen Verwendung. Im Anhang finden Sie eine Anbieteradresse für »gesunde« Samen.

Aber auch für andere Arten kann der Anbau im Garten sinnvoll sein, um sie jährlich in guter Qualität ernten zu können. Für geschützte Pflanzen ist er neben dem Erwerb getrockneten Kräuter im Internet oder im Reformhaus sogar die einzige Möglichkeit, sie als Heilpflanze nützen zu können.

Sammeln

Auch in Wäldern und an Wiesenrändern sind viele der hier vorgestellten Heilpflanzen zu finden. Wenn Sie diese sammeln möchten, ist es jedoch wichtig, ein paar Regeln zu beachten.

Eignung zur Wildsammlung

Einige Pflanzen weisen stark schwankende Wirkstoffgehalte auf, abhängig davon, wo sie wachsen. Um einen therapeutischen Effekt zu erzielen, ist es sinnvoller, auf geprüfte Heilkräuter in Arzneibuchqualität zurückzugreifen.
Das Beispiel Pfefferminze: In Arzneitees ist ein Mindestgehalt von 1,2 % ätherischen Ölen vorgeschrieben und für die medizinische Wirksamkeit auch sinnvoll. Kommerziell erhältliche »Lebensmitteltees« und Pfefferminze aus dem eigenen Garten oder Wald enthalten jedoch häufig nur 0,6 % ätherische Öle.
Im jeweiligen Heilpflanzenprofil finden Sie einen Hinweis darüber, bei welchen Heilpflanzen Sie lieber auf die Sammlung in der Natur verzichten sollten.

Sichere Identifizierbarkeit

Viele Heilpflanzen haben »Doppelgänger«. Diese können mit ihnen verwandt sein und eine ähnliche Wirkung haben. Aber diese Doppelgänger können auch wirkungslos oder gar hochgiftig sein. Aus diesem Grund ist es sehr wichtig, dass man in der Natur nur die Pflanzen sammelt, die man ganz sicher identifizieren kann.

Saubere Umgebung

Heilpflanzen sollte man an Orten sammeln, die möglichst frei von Umweltgiften sind, also nicht neben Straßen, auf (ehemaligen) Mülldeponien oder in Industriegebieten liegen. Geeignet sind abgelegene Waldgebiete und ungedüngte Wiesen.

Geschützte Pflanzen und Naturschutzgebiete

Einige Heilpflanzen sind geschützt, das heißt, sie dürfen in der Natur nicht gesammelt werden. Dies ist im Profil der jeweiligen Heilpflanzen vermerkt. Diese Pflanzen können jedoch im eigenen Garten angebaut oder in Apotheken bzw. Reformhäusern in getrockneter Form erworben werden.

In Naturschutzgebieten ist das Sammeln jeglicher Pflanzen strengstens untersagt.

Der richtige Zeitpunkt

Sowohl während sehr feuchter als auch während sehr trockener Wetterperioden sinkt der Wirkstoffgehalt der

INFO

SAMMELZEITPUNKTE FÜR HEILPFLANZEN

Den idealen Sammelzeitpunkt für die jeweilige Heilpflanze finden Sie im jeweiligen Profil. Grundsätzlich gilt:

Blätter: ganz jung, jedoch voll entfaltet; dieser Zeitpunkt ist oft zu Beginn oder knapp vor der Blütezeit

Blüten: zur Vollblüte oder bei beginnender Blüte

Kraut: der oberirdische Teil der Pflanze mit Stängeln, Blättern und Blüte während der Blütezeit

Wurzeln: in der Regel Herbst; Frühjahr, wenn bitterstoffhaltig

Knospen: Frühjahr

Rinde: Frühjahr

Samen: zur Vollreife oder kurz davor

Beeren: zur Vollreife oder kurz davor

Gerbstoffhaltige Pflanzen: im August

Pflanzen reich an ätherischen Ölen: vor der Mittagshitze

Heilpflanzen. Am besten sammelt man die Heilpflanzen während einer seit zwei bis drei Tagen stabilen, aber nicht zu heißen Schönwetterlage. Wenn möglich morgens gegen 10 Uhr, wenn der Morgentau bereits von den Pflanzen verdunstet ist.
Dies gilt natürlich nicht, wenn Ihr Hund auf einem Spaziergang eine Wunde hat. Selbstverständlich verwendet man frischen Spitzwegerich oder frische Malvenblätter dann sofort.

Erntemenge

Damit auch im nächsten Jahr noch genügend Heilpflanzen wachsen, bitte nur so viel von einer Pflanze abschneiden, dass sie weiterleben kann – und an einem Standort nicht zu viele Pflanzen ernten, damit die Art dort weiterbestehen kann. Der Vorrat, den Sie sammeln, sollte maximal für ein Jahr reichen.

Bei Erntespaziergängen ist auch Ihr Hund gern dabei.

Trocknen

Bevor Sie die Pflanzen trocknen, werden alle sichtbaren Verschmutzungen entfernt, jedoch werden nur die Wurzeln gewaschen und grob zerkleinert.
Trocknen Sie die Heilpflanzen an einem luftigen Ort im Dunklen oder im Schatten ohne direkte Sonneneinstrahlung und möglichst staubfrei. Die Pflanzen sollten regelmäßig gewendet werden, um gleichmäßig zu trocknen. Ideal ist ein Holzgestell mit einem darauf gespannten Leintuch. Die Pflanzen werden mit einem weiteren Leintuch abgedeckt.
Nur Rinde kann in der Sonne getrocknet werden.
Nach spätestens zwei Wochen sollte der Trocknungsprozess abgeschlossen sein.

Lagern

Bewahren Sie Heilpflanzen trocken, kühl (unter 25 °C) und lichtgeschützt in Glasbehältnissen oder Weißblechdosen auf. Heilpflanzen sollten möglichst unzerkleinert gelagert und innerhalb eines Jahres aufgebraucht werden, damit sie ihre Wirkung nicht verlieren.

TIPP

Nicht benötigte Heilpflanzen sollten Sie nicht wegwerfen. Mischen Sie die getrockneten Heilpflanzen zu aromatischen Kräutertees. Die Dosis wird dann so gering, dass mit keiner medizinischen Wirkung mehr zu rechnen ist.

HEILPFLANZEN KAUFEN

INFO

Sie können getrocknete Heilpflanzen in Arzneimittelqualität in Apotheken und Reformhäusern käuflich erwerben. Dort finden Sie auch Frischpflanzen-Presssäfte, Tinkturen (bitte beim Hund nur äußerlich anwenden) und weitere Zubereitungsformen wie Salben und Cremes. Einige Heilpflanzen sind sogar in Tabletten- oder Kapselform erhältlich. Für die Herstellung von Kapseln werden die Heilpflanzen jedoch in der Regel hoch erhitzt und unter Druck gepresst, was die stoffliche Zusammensetzung beeinflusst. Aus diesem Grund sind andere Zubereitungsformen vorzuziehen. Bitte sehen Sie davon ab, Kräutertees aus dem Lebensmittelregal im Supermarkt zu therapeutischen Zwecken anwenden zu wollen. Diese enthalten kaum bis sehr wenig Wirkstoffe und sind wirklich nur als Lebensmittel geeignet.

Zubereitungs- und Anwendungsformen

Tees und Tinkturen sind sicherlich die bekanntesten Zubereitungsarten von Heilpflanzen. Es gibt jedoch eine Vielzahl weiterer Anwendungsformen. Davon eignen sich einige, z. B. Frischpflanzen-Presssäfte und Glycerin-Extrakte, besonders gut für Hunde, während andere, z. B. Tinkturen, nur bedingt für Hunde geeignet sind. Weitere Unterschiede zwischen den Zubereitungsformen bestehen bezüglich ihrer Haltbarkeit und den in ihnen gelösten beziehungsweise angereicherten Wirkstoffen.
Die folgende Beschreibung der Zubereitungsformen konzentriert sich auf diejenigen, die für Hunde sinnvoll und praktikabel sind.

Ganze Pflanze oder Pflanzenteile

Heilpflanzen müssen nicht immer als Tee oder Tinktur verabreicht werden. Vielfach können sie in zerkleinerter Form mit dem Futter gemischt werden.

Frische Pflanzen

Die als Heilkraut genutzten Pflanzenteile werden frisch verfüttert. Dafür können sie püriert oder leicht gedünstet und anschließend mit dem normalen Futter vermischt werden.

Dies ist die einfachste und vermutlich älteste Art und Weise, Heilpflanzen an Tiere zu verabreichen. Besonders mild oder aromatisch schmeckende Heilkräuter werden von vielen Hunden sehr gern mit dem normalen Futter gefressen. Man kann die Heilkräuter auch gehackt oder püriert in Hackfleischbällchen (roh oder leicht angebraten), Hundeleberwurst-Bällchen oder anderen form- oder wickelbaren Leckereien verstecken.
Einige Heilpflanzen sind am wirksamsten, wenn sie frisch verfüttert werden. Zum Beispiel ist der entzündungshemmende Effekt der Brennnessel so am größten.

Vorteile:

- Alle Wirkstoffe der Heilpflanze sind enthalten.

Nachteile:

- Manche Wirkstoffe liegen in gebundener Form vor und werden deshalb schlechter aufgenommen als in anderen Zubereitungsarten.
- Die Frischpflanze ist von geringer Haltbarkeit.

Getrocknete Pflanzen(teile)

Wie im vorherigen Kapitel bereits beschrieben, werden Heilkräuter getrocknet (→ Seite 21), um ihre Haltbarkeit zu verlängern. Getrocknete Heilkräuter können, ebenso wie frische Kräuter, direkt mit dem normalen Futter oder besonderen Leckereien gemischt werden, um sie Ihrem Hund zu verabreichen.

Vorteile:

- Die getrockneten Kräuter sind lange haltbar.
- Viele Wirkstoffe bleiben unverändert erhalten.

Nachteile:

- Manche Wirkstoffe liegen in gebundener Form vor und werden deshalb schlechter aufgenommen als in anderen Zubereitungsarten.
- Der Gehalt leicht flüchtiger Wirkstoffe, z. B. ätherischer Öle, verringert sich während der Trocknung.

INFO

LATWERGEN, BISSEN UND PILLEN – TRADITIONELLE ZUBEREITUNGSFORMEN DER LANDWIRTSCHAFT

In der landwirtschaftlichen Tierhaltung wird die Anwendung von Heilpflanzen seit Jahrhunderten praktiziert. Um die Heilpflanzen besser verabreichen zu können, wurden die frischen oder getrockneten Kräuter zerkleinert und mit Leinsamenschrot, Eibischwurzelpulver, Roggenmehl, Honig, Melasse oder Pflaumenmus zu einem klebrigen Brei vermischt, den sogenannten Latwergen. Diese wurden den zu behandelnden Tieren auf die Zunge gestrichen. Um größere Mengen verabreichen zu können, wurden die Latwergen zerteilt und mit bemehlten Händen zu kleinen (Pillen) bis hühnereigroßen (Bissen) Portionen gerollt.

Frischpflanzen-Presssaft

Frischpflanzen-Presssäfte sind eine einfache und durch ihre naturbelassene Herstellung äußerst effektive Anwendungsart, die viel häufiger bei Hunden zum Einsatz kommen sollte. Leider sind sie vielen Hundebesitzern noch unbekannt, obwohl die meisten Reformhäuser sie in großer Auswahl anbieten. Für die Gewinnung der Frischpflanzen-Presssäfte werden die frisch geernteten, gereinigten und zerkleinerten Heilpflanzen in speziellen Pflanzenpressen ausgepresst und der Saft so gewonnen. Sie können den Presssaft mit dem Futter mischen oder mittels einer Spritze direkt in den Mund Ihres Hundes geben. Die notwendige Dosierung ist in der Regel gering, sodass Letzteres problemlos möglich ist.

Vorteile:

- Der Saft enthält auch die wasserlöslichen Substanzen, die beim Erhitzen verloren gehen.
- Er enthält mehr Mineralstoffe als andere wässrige Zubereitungen.
- Er enthält keinen Alkohol oder andere Extraktionsmittel.
- Viele Reformhäuser haben stets eine große Auswahl Frischpflanzen-Presssäfte vorrätig.

Nachteile:

- Nur 20–30 % der fettlöslichen Bestandteile sind im Saft enthalten.

- Angebrochene Flaschen sind im Kühlschrank nur vier Wochen haltbar.

Extrakte (Auszüge)

Um den Extrakt einer Heilpflanze zu erhalten, wird sie für bestimmte Zeit in eine geeignete Flüssigkeit, das sogenannte Extraktionsmittel, gegeben. Die Wirkstoffe werden aus der Heilpflanze gelöst und gehen in die Flüssigkeit über.
Geeignete Extraktionsmittel sind z. B. Wasser, Alkohol, Glycerin und Öl. Von ihnen ist abhängig, welche Wirkstoffe wir anschließend bevorzugt im Extrakt finden. Wir alle kennen den Effekt, wenn wir Öl und Wasser zusammengeben: Die Flüssigkeiten vermischen sich nicht, sondern das Öl schwimmt oben. Während ätherische Öle sich also besonders gut mit einem neutralen Öl oder Alkohol extrahieren lassen, werden Schleimstoffe am besten mit Wasser oder Glycerin extrahiert (→ Seite 34 und 40 f.).
Zur Herstellung von Extrakten können sowohl frische als auch getrocknete Pflanzenteile verwendet werden. Frische Pflanzen sind häufiger mit Fäulnisbakterien oder Schimmelpilzen belastet, sodass auch ihre Extrakte kontaminiert sein können. Aus diesem Grund wurde in den folgenden Beschreibungen getrockneten Pflanzen der Vorzug gegeben.
Bei der Zubereitung von Extrakten spielt der Zerkleinerungsgrad der Pflanzen eine wichtige Rolle (→ Seite 28). Grundsätzlich gilt: Je kleiner die Pflanzenteile, desto

höher ist die Ausbeute im Extrakt. Wenn möglich sollten die Pflanzen aber erst unmittelbar vor der Extraktion zerkleinert werden, um einen vorzeitigen Wirkstoffverlust zu vermeiden. Gepulverte getrocknete Kräuter, z. B. in Teebeuteln, verlieren innerhalb von zwei Wochen bereits einen großen Teil ihrer Wirkstoffe.

INFO

OPTIMALE ZERKLEINERUNGSGRADE

Folgende Zerkleinerungsgrade gelten für die Extraktherstellung als optimal:

Blätter, Blüten, Kräuter: grob geschnitten, Teilchengröße ca. 4 mm

Hölzer, Rinden, Wurzeln: fein zerschnitten bis grob gepulvert, Teilchengröße ca. 2,5 mm

Früchte, Samen: gequetscht oder grob gepulvert, Teilchengröße ca. 2 mm

Saponinhaltige Heilpflanzen: mittelfein gepulvert, Teilchengröße ca. 0,5 mm

Teezubereitungen (wässrige Extrakte)

Teezubereitungen stellen eine der ältesten Anwendungsformen für Heilkräuter dar und wurden bereits im 2. Jahrtausend v. Chr. verwendet. Sie sind bei Menschen zu Recht sehr beliebt, weil sie einfach zuzubereiten sind

und bereits die Zubereitung und der Genuss des warmen Tees einen erholsamen Effekt haben.
Die abgekühlten Tees mild schmeckender Heilkräuter, z. B. Kamille und Brennnessel, eignen sich auch für Hunde. Man kann sie über das Futter geben oder statt Trinkwasser anbieten. Sie werden erstaunt sein, wie viele Hunde abgekühlten Kräutertee freiwillig und mit Freude trinken. Sollte Ihr Vierbeiner den Tee jedoch nicht freiwillig aufnehmen, ist es besser, auf eine andere Zubereitungsart zu wechseln. Die benötigten Mengen sind in der Regel zu groß, um sie Ihrem Vierbeiner mit der Spritze direkt in den Mund zu geben.
Einige Tees können auch äußerlich, in Form von Wickeln bzw. Kompressen, oder zur Inhalation verwendet werden.
Wissenschaftlich betrachtet, sind Tees Auszüge mit Wasser als Extraktionsmittel. Demzufolge enthalten Tees vor allem die wasserlöslichen Inhaltsstoffe einer Pflanze, wie Schleimstoffe, Gerbstoffe und Flavonoide. Die ätherischen Öle einer Pflanze finden sich jedoch nur zu 30 % (z. B. Pfefferminze) bis 70 % (z. B. Fenchelfrüchte) im Tee.

Vorteile:

- Die Zubereitung erfolgt schnell und einfach.
- Einfache Vorratshaltung in Form getrockneter Kräuter
- Wasserlösliche Wirkstoffe sind in hoher Konzentration enthalten.

Nachteile:

- Geringe Haltbarkeit: Der Tee verdirbt schnell und sollte nicht für mehr als 24 Stunden auf Vorrat zubereitet werden.
- Hitzelabile Wirkstoffe werden eventuell zerstört.

Die genaue Art der Zubereitung, also das Mengenverhältnis von Heilpflanze zu Wasser, die Ziehzeit und die Ziehtemperatur, ist abhängig von den verwendeten Pflanzenteilen (z. B. Rinde länger als Blüten), deren Zerkleinerungsgrad (je größer die Teile, desto länger) und den Wirkstoffen einer Heilpflanze (Gerbstoffe länger als Flavonoide). Aus diesem Grund ist es wichtig, sich an die angegebenen Rezepturen in den Pflanzenprofilen zu halten (ab Seite 65 ff.).
Grundsätzlich unterscheiden wir drei Zubereitungsarten von Tee: den Aufguss, die Abkochung und das Kaltmazerat.

Aufguss (Infus)

Die zerkleinerten getrockneten Heilkräuter werden mit heißem Wasser übergossen, und nach einer gewissen Ziehzeit wird der Tee mittels Sieb oder Filter abgeseiht, um ihn trinken zu können. Während der Ziehzeit ist der Tee möglichst abzudecken.
Diese Art der Teezubereitung ist vermutlich die, an die wir alle als Erstes denken. Sie eignet sich zwar für die meisten Heilpflanzen, aber leider nicht für alle.

Abkochung (Dekokt)

Die Heilpflanze wird in kaltes Wasser gegeben. Die Mischung wird zum Sieden gebracht und für mehrere Minuten auf kleiner Flamme geköchelt. Danach wird abgeseiht und der Dekokt getrunken.
Diese Zubereitungsart eignet sich für Drogen harter Konsistenz, z. B. Wurzeln und Rinden, sowie für schwer lösliche, aber hitzestabile Inhaltsstoffe.

Kaltmazerat

Die Heilkräuter werden mit kaltem Wasser übergossen und über mehrere Stunden bei Raumtemperatur stehen gelassen. Kaltmazerate sind sehr anfällig für Fäulnisbakterien und Schimmelpilze. Deshalb werden sie nach dem Abseihen für mehrere Minuten auf über 60 °C erwärmt. Kaltauszüge eignen sich für schleimhaltige Drogen, z. B. Malve. Werden sie zu stark erhitzt, bekommen sie eine kleisterartige Konsistenz. Auch für hitzeempfindliche Wirkstoffe ist ein Kaltmazerat besser geeignet. Außerdem werden beim Kaltauszug deutlich weniger Gerbstoffe gelöst, sodass bittere Pflanzen, z. B. Bärentraubenblätter, als Kaltauszug deutlich angenehmer schmecken. Letzteres spielt für die Anwendung beim Hund eine große Rolle.

Tinkturen (alkoholische Auszüge)

Zur Herstellung einer Tinktur (→ Seite 38 f.) werden die Heilpflanzen mit Ethanol (Alkohol) als Auszugsmittel extrahiert. Hundewelpen ebenso wie Säuglinge können Alkohol nicht verstoffwechseln. Ausgewachsene Hunde bauen Alkohol deutlich langsamer ab als erwachsene Menschen. Um wirksame Dosen einer Heilkräutertinktur zu verabreichen, sind die Alkoholmengen in der Regel so hoch, dass es bereits zu messbaren Veränderungen im Körper kommt.

INFO

WIE GIFTIG IST ALKOHOL FÜR HUNDE?

Bei einem Hund, der 10 kg wiegt, können 2 cl (= 1 Schnapsglas) eines 40 %igen Alkohols (z. B. Wodka) schon komatöse Zustände hervorrufen, und 6 cl können bereits tödlich sein.

Der Vorteil von Alkohol als Lösungsmittel ist, dass er in Konzentrationen von 50 bis 70 % Vol. besonders die fettlöslichen Wirkstoffe extrahiert und in Konzentrationen von 20 bis 30 % Vol. besonders die wasserlöslichen. Handelsübliche Spirituosen (z. B. Wodka oder Korn) mit einem Alkoholgehalt von 40 % Vol. eignen sich somit für viele Heilpflanzen, um ein Extrakt zu erhalten, das viele ihrer wasser- und fettlöslichen Inhaltsstoffe enthält. Alkohol reduziert die Zahl der Fäulnisbakterien und Schimmelpilze, sodass Tinkturen mit 40 % Vol. Alkohol circa zwei Jahre haltbar sind.

Vorteile:

- Tinkturen sind lange haltbar.
- Je nach Alkoholgehalt werden sowohl wasser- als auch fettlösliche Wirkstoffe extrahiert.

Nachteile:

- Wegen des Alkoholgehalts sind Tinkturen vor allem für die äußerliche Anwendung bei Hunden geeignet.

Die Verwendung von neutralen Spirituosen wie Wodka oder Korn als Extraktionsmittel hat den Vorteil, dass sie leicht erhältlich sind und keine komplizierten Konzentrationsberechnungen durchgeführt werden müssen. Alternativ können Sie natürlich »reinen« Alkohol (96 % Vol.) verwenden und mit Wasser auf die gewünschte Konzentration verdünnen. Bitte achten Sie darauf, dass es sich hierbei um trinkbaren Alkohol handelt, der z. B. unter den Bezeichnungen Weingeist oder Primasprit im Handel ist. Alkohol für technische Zwecke ist zwar deutlich billiger, aber durch Vergällung ungenießbar gemacht worden.
Das Verhältnis von getrockneter Heilpflanze zum Ethanol-Wasser-Gemisch beträgt in der Regel 1:5 oder 1:10, das heißt, mit 100 ml Flüssigkeit extrahiert man 10 oder 20 g einer getrockneten Heilpflanze. Welches Verhältnis genau für die jeweilige Heilpflanze sinnvoll ist, können Sie dem jeweiligen Heilpflanzenprofil (ab Seite 64 ff.) entnehmen.

Glycerin-Extrakt (Glycerit)

Auf den ersten Blick wirkt das Wort Glycerin (Synonyme: Glycerol, Propantriol) sicherlich abschreckend, weil es chemisch und unnatürlich klingt. Dabei ist das Gegenteil der Fall. Glycerin dient in unserem Körper als »Transportsubstanz« für Fettsäuren und ist somit ein natürlicher Bestandteil des Organismus. Seine Verträglichkeit ist deutlich höher als Alkohol.

Glycerin ist eine klare, fast sirupartige Flüssigkeit, die süßlich schmeckt, sodass die meisten unserer vierbeinigen Patienten die Kräuterglycerite gern aufnehmen. Die benötigten Mengen sind in der Regel so gering, dass man sie auch mit einer Spritze direkt in den Mund geben kann. Im angloamerikanischen Sprachraum werden Glycerin-Extrakte schon lange erfolgreich bei Tieren eingesetzt, bei uns sind sie leider noch relativ unbekannt. Glycerin wirkt bei einer Konzentration von 65 % antibakteriell, Glycerin-Extrakte halten sich im Kühlschrank ca. ein Jahr. Zur Herstellung lesen Sie bitte Seite 40 f.

Vorteile:

- Glycerin-Extrakte sind gut verträglich.
- Sie eignen sich gut für wasserlösliche Wirkstoffe.
- Glycerin-Extrakte sind lange haltbar.

Nachteile:

- Glycerin-Extrakte sind nicht geeignet für fettlösliche Wirkstoffe.

Öl-Extrakt (Öl-Mazerat)

Für einen öligen Auszug werden die Heilkräuter mit pflanzlichen Ölen, z. B. Oliven- oder Mandelöl, angesetzt. Die fettlöslichen Inhaltsstoffe der Pflanze, z. B. ätherische Öle und Sterole, gehen in das Pflanzenöl über. Sie kommen in der Tiermedizin nur selten und dann meist äußerlich zum Einsatz.

Honig-Extrakt

Für einige Heilpflanzen, z. B. Fenchel und Fichtenspitzen, eignet sich auch die Extraktion mit Honig. Zu den Vorteilen dieser Zubereitungsart zählen der süße Geschmack und die zusätzliche antibakterielle Wirkung.

Salben und Cremes

Salben und Cremes sind halbfeste Arzneizubereitungen, die zur lokalen Anwendung auf der Haut oder Schleimhaut bestimmt sind. Sie werden aus Pflanzenteilen oder Extrakten hergestellt, die mit Fetten oder Fett-Wasser-Emulsionen gemischt werden. Da die Herstellung stark variiert, wird sie unter dem jeweiligen Heilpflanzenprofil beschrieben (z. B. Ringelblumenblüten).

Inhalation

Eine besondere Anwendungsform stellt die Inhalation dar. Die eingeatmeten Dämpfe erreichen die Atemwege direkt und wirken, je nach Heilpflanze, entzündungshemmend und/oder schleimlösend.

Für die Inhalation wird ca. 1 Liter Aufguss zubereitet und in einen Topf mit möglichst breitem Durchmesser gegeben. Sie können Ihren Hund in den Arm nehmen, sich mit ihm gemeinsam vor den Topf setzen und die aufsteigenden Dämpfe einatmen lassen, oder Sie können das Tier in eine verschlossene Hundebox setzen, den Topf davorstellen und eine Decke über Box und Topf breiten. Die Dämpfe sollten für circa 5 Minuten inhaliert werden.

EXTRA

HILFE GEGEN PARASITEN

Parasiten sind (sehr) kleine Tiere, die als Krankheitserreger in oder auf anderen Tieren leben und diese schädigen. Weil ihr Stoffwechsel dem des Wirtsorganismus ähnelt, sind Parasiten schwerer zu behandeln als bakterielle Infektionen. Gegen Parasiten wirksame Arzneimittel sind häufig auch für den Wirtsorganismus nicht ganz unschädlich und können erhebliche Nebenwirkungen haben. Besonders die steigende Resistenzentwicklung wie auch die umweltschädliche Wirkung der chemischen Antiparasitika lassen es sinnvoll erscheinen, auf die Suche nach pflanzlichen Alternativen zu gehen. Dies zeigt sich auch durch eine zunehmende Anzahl von Studien in diesem Bereich.

Da Parasitosen unbehandelt zu schwerwiegenden bis lebensgefährlichen Erkrankungen führen können, sollten

EXTRA

Sie den Behandlungserfolg regelmäßig durch einen Tierarzt oder -heilpraktiker kontrollieren lassen.
Folgende im Buch beschriebene Heilpflanzen können Sie zur Vorbeugung und Behandlung von Parasitosen beim Hund einsetzen.
Breitwegerich: Die Blätter des Breitwegerichs (→ unter Profil »Spitzwegerich«) zeigten sich in Studien ähnlich wirksam gegen Giardien wie der Wirkstoff Tinidazol. Die Therapie kann bei chronischen Giardiosen mit Sonnenhut, Malve und einer fettarmen Ernährung unterstützt werden.
Knoblauch: In Studien konnte gezeigt werden, das Knoblauch wirkungsvoll den Befall und die Vermehrung von Giardien und Würmern im Magen-Darm-Trakt vermindern kann.
Lavendel: Die ätherischen Öle haben stark insektenrepellierende (abwehrende) Wirkung und schützen wirkungsvoll gegen Zecken, Mücken, Läuse und Haarlinge.
Wermut: Wermutblätter erwiesen sich als wirksam zur Vorbeugung und Behandlung von Würmern des Verdauungstraktes.

Besonders bei Parasitosen im Magen-Darm-Trakt ist es wichtig, die Darmflora Ihres Hundes mit **gekochten Möhren, Möhrensaft** oder etwas **Banane** zu unterstützen. Die darin enthaltenen Fructooligosaccharide sind ein wichtiges Grundnahrungsmittel für die »guten« Bakterien im Darm.

INFO

HERSTELLUNG EINER TINKTUR

Bitte lesen Sie auch die allgemeinen Informationen zu Tinkturen, bevor Sie eine herstellen (→ Seite 31 ff.). Um eine größere Menge Tinktur zuzubereiten, multiplizieren Sie die Menge des Heilkrautes und der Flüssigkeit mit dem gleichen Faktor.

Benötigte Materialien und Geräte

- Heilpflanze, getrocknet (Menge → Heilpflanzenprofil)
- 100 ml 40 %iger Trinkalkohol (z. B. Wodka oder Korn)
- Mörser und Pistill
- Sauberes Schraubglas mit 150–250 ml Fassungsvermögen (am besten Braunglas)
- Feines Sieb
- Trichter
- Kaffeefilter
- Lichtdichte Arzneimittelfläschchen

Herstellung

- *Säuberung:* Kontrollieren Sie die getrockneten Pflanzenteile auf Verunreinigungen, braune oder optisch nicht einwandfreie Teile, und sortieren Sie diese aus.
- *Zerkleinerung:* Zerkleinern Sie die Heilpflanzenteile grob mit der Hand oder einer Schere, und geben Sie diese in einen Mörser. Fügen Sie eine kleine Menge des Alkohols zu, und zerreiben Sie die Pflanzenteile

INFO

im Alkohol, bis ein flüssiger Pflanzenbrei entstanden ist. Dies kann mehrere Minuten benötigen.

- *Auszug:* Geben Sie den Pflanzenbrei in ein verschließbares Gefäß, und gießen Sie den restlichen Alkohol hinzu. Der Pflanzenbrei sollte gut vom Alkohol bedeckt sein. Verschließen Sie das Glas luftdicht. Das Gefäß sollte idealerweise aus Braunglas sein, Sie können den Inhalt aber auch zusätzlich gegen Licht schützen, indem Sie es komplett in Alufolie einpacken (Sie können die Umwelt schonen und diese mehrfach verwenden). Das Glas an einem dunklen, zimmerwarmen Ort für 7–14 Tage stehen lassen.
- *Bewegung:* Mindestens einmal täglich sollten Sie den Ansatz umrühren oder schütteln.
- *Filtration:* Die fertige Tinktur geben Sie in ein feines Sieb und fangen die ablaufende Flüssigkeit auf. Um die Ausbeute zu erhöhen, sollten Sie den Rückstand kräftig ausdrücken. Die abgelaufene Flüssigkeit filtrieren Sie mittels eines Trichters und eines Kaffeefilters erneut. Die nun erhaltene Flüssigkeit ist die fertige Tinktur.
- *Abfüllung und Aufbewahrung:* Die Tinktur in lichtdichte Medikamentenfläschchen z. B. aus Braunglas füllen und mit Pflanzenname, Alkoholgehalt und Herstellungsdatum beschriften. Die Tinkturen an einem trockenen Platz bei Zimmertemperatur lagern.

INFO

HERSTELLUNG EINES GLYCERIN-EXTRAKTS

Bitte lesen Sie auch die allgemeinen Informationen zu Glycerin-Extrakten, bevor Sie ein Glycerit herstellen (→ Seite 34). Um eine größere Menge Extrakt herzustellen, müssen Sie die Menge des Heilkrautes und der Flüssigkeiten mit dem gleichen Faktor multiplizieren.

Benötigte Materialien und Geräte

- Heilpflanze, getrocknet (Menge → Heilpflanzenprofil)
- 30 ml kochendes Wasser
- 70 ml pflanzliches Bio-Glycerin (99,5 %)
- Mörser und Pistill
- Sauberes Schraubglas mit 150–250 ml Fassungsvermögen (am besten Braunglas)
- Feines Sieb
- Trichter
- Kaffeefilter
- Lichtdichte Arzneimittelfläschchen

Herstellung

- *Säuberung*: Kontrollieren Sie die getrockneten Pflanzenteile auf Verunreinigungen, braune oder optisch nicht einwandfreie Teile, und sortieren Sie diese aus.
- *Zerkleinerung*: Zerkleinern Sie die Heilpflanzenteile grob mit der Hand oder einer Schere, und geben Sie

INFO

diese in einen Mörser. Geben Sie die benötigte Menge kochendes Wasser zu den getrockneten Kräutern. Zerreiben Sie die Pflanzenteile mit dem Wasser, bis ein flüssiger Pflanzenbrei entstanden ist. Dies kann mehrere Minuten in Anspruch nehmen.

- *Auszug:* Geben Sie den Pflanzenbrei in ein verschließbares Gefäß, und gießen Sie die benötige Menge Glycerin hinzu. Der Pflanzenbrei sollte gut von Flüssigkeit bedeckt sein. Verschließen Sie das Glas luftdicht, und lassen Sie den Ansatz an einem dunklen, zimmerwarmen Ort für 7–14 Tage stehen.
- *Bewegung:* Mindestens einmal täglich sollten Sie den Ansatz umrühren oder schütteln.
- *Filtration:* Den Extraktionsansatz in ein feines Sieb geben und die ablaufende Flüssigkeit auffangen. Um die Ausbeute zu erhöhen sollten Sie den Rückstand kräftig ausdrücken. Die abgelaufene Flüssigkeit mittels eines Trichters und eines Kaffeefilters erneut filtrieren. Die Flüssigkeit ist der fertige Glycerin-Extrakt.
- *Abfüllung und Aufbewahrung:* Den Extrakt in lichtdichte Arzneimittel-Fläschchen, z. B. aus Braunglas, füllen und mit Pflanzenname, Glyceringehalt und Herstellungsdatum beschriften. Den Glycerin-Extrakt im Kühlschrank aufbewahren.

Phytotherapie bei Beschwerden und leichten Erkrankungen

Viele leichte Erkrankungen Ihres Hundes können Sie selbst erfolgreich mit Heilpflanzen therapieren. Im folgenden Kapitel werden diese, nach Symptomen geordnet, beschrieben. Neben Hinweisen zur Therapie erhalten Sie auch Informationen, wann ein Besuch beim Tierarzt oder Tierheilpraktiker unumgänglich ist. Bitte sehen Sie bei der Nennung der jeweiligen Heilpflanzen im Kapitel »Pflanzenprofile« nach (→ Seite 64 ff.), um Details zu erfahren und sich genau über die möglichen Behandlungen zu informieren.

Abwehrschwäche

Bei häufig wiederkehrenden Infektionen kann es sinnvoll sein, die körpereigene Abwehr durch eine 5- bis 10-tägige Kur mit **Sonnenhut** zu unterstützen. Die Kur kann drei- bis viermal pro Jahr wiederholt werden.

Angst

Übermäßige Ängste des Hundes zum Beispiel vor Alleinsein, Gewitter oder Silvesterknallern können mit **Johanniskraut** oder **Lavendel** therapiert werden. Zusätzlich sollten Sie Ihren Hund in diesen Situationen unterstützen, indem Sie so viel Ruhe und Gelassenheit ausstrahlen wie möglich. Auch die Anwesenheit eines zweiten entspannten Hundes kann hilfreich sein, um Ihrem Hund den Umgang mit angstauslösenden Situationen zu erleichtern.

Bindehautentzündung

Bindehautentzündungen äußern sich in Rötung, vermehrtem, teils eitrigem Augenausfluss und Schmerzen beziehungsweise Brennen des Auges. Letzteres äußern Hunde durch Zukneifen der Augenlider oder durch Reiben mit der Pfote oder an Gegenständen. Auch bei eitrigen Bindehautentzündungen kann häufig auf ein antibiotikahaltiges Präparat verzichtet werden, wenn das Auge mehrfach täglich mit **Fenchel**, **Kamille** oder **Ringelblume** gespült wird.
Wenn Ihr Hund starke Schmerzen zeigt, die Symptome sich unter Therapie verschlimmern oder der Augenausfluss länger als drei Tage anhält, sollten Sie einen Tierarzt oder Tierheilpraktiker konsultieren.

Durchfall

Unter Durchfall versteht man in der Tiermedizin nicht nur Kot flüssiger oder breiiger Konsistenz, auch übermäßig häufiger Kotabsatz wird als Durchfall bezeichnet. Am häufigsten entsteht Durchfall nach Aufnahme unverdaulicher oder schädlicher Mahlzeiten. Dies können verdorbene Lebensmittel, der Kot anderer Tiere, zu stark gewürzte oder fettige Mahlzeiten, Schnee oder vieles andere sein. Um den schädlichen Darminhalt so schnell

wie möglich loszuwerden, transportiert der Organismus Wasser in den Darm und steigert die Darmperistaltik. Durchfall ist also ein Mittel des Körpers, um sich selbst zu helfen. Aus diesem Grund sollten keine stopfenden und die Peristaltik verlangsamenden Medikamente gegeben werden, da diese die Verweildauer der schädlichen Mahlzeit im Darm verlängern und so die Heilung verhindern. Da der Körper durch den Durchfall Wasser verliert und im schlimmsten Fall austrocknen kann, ist es sinnvoll, die Heilung zu unterstützen. Innerhalb der ersten 12–24 Stunden sollten Sie Ihren Hund fasten lassen, ihm also keinerlei Futter anbieten, damit der Darm nicht überfordert wird und sich erholen kann. Statt normalen Trinkwassers sollten Sie eine Elektrolytlösung anbieten (beim Tierarzt erhältlich), die Sie in kleinen Portionen verabreichen. Sobald der Durchfall nachlässt, können Sie Ihrem Hund kleine Portionen Magen-Darm-Schonkost anbieten. Beginnen Sie, je nach Hundegröße, mit 1 TL oder 1 EL, und steigern Sie die Futtermenge langsam. In den ersten drei Tagen sollten Sie die Futtermenge auf mindestens 4 bis 5 Mahlzeiten pro Tag aufteilen. Als Schonkost eignen sich ⅓ gekochtes Hühnchenfleisch oder Magerquark mit ⅔ gekochten Kartoffeln oder gekochtem Reis. Bereits während der Fastenphase können Sie die Heilung durch **Heidelbeeren** oder **Möhren** unterstützen. Auch **Salbei** und **Kamille** können hilfreich sein.
Wenn Ihr Hund neben Durchfall auch Apathie, Erbrechen und Appetitlosigkeit zeigt oder der Durchfall blutig ist,

sollten Sie umgehend einen Tierarzt oder Tierheilpraktiker kontaktieren. Bitte wenden Sie sich auch an Ihren Tierarzt oder Tierheilpraktiker, falls der Durchfall Ihres Hundes sich nicht innerhalb von drei Tagen bessert oder nach wenigen Tagen wiederkehrt.

Erbrechen

Ebenso wie Durchfall ist auch Erbrechen eine Selbstheilungsform des Körpers, um schädliche oder unverdaute Nahrung schnellstmöglich loszuwerden. Auch die Therapie ist ähnlich. Innerhalb der ersten 12–24 Stunden sollten Sie Ihren Hund fasten lassen. Während dieser Phase können Sie ihm löffelweise einen Tee aus **Pfefferminze**, gerne in Kombination mit **Kamille** oder **Fenchel**, anbieten. Sobald Ihr Hund mehrere Stunden nicht mehr erbrochen hat, können Sie kleine Portionen Schonkost (→ Seite 44) anbieten.

Husten

Das kräftige Ausstoßen von Atemluft beim Husten befreit die Atemwege von Fremdkörpern, reizenden Substanzen oder Infektionserregern. Husten ist also eine Abwehrstrategie des Körpers, weshalb auf rein Husten stillende Medikamente verzichtet werden und stattdessen die Heilung unterstützt werden sollte.
Husten kann sich als trockener oder feuchter Husten mit Schleimbildung äußern. In beiden Fällen sind Infektionen der oberen Atemwege die häufigste Ursache. Bei

trockenem Husten helfen Heilpflanzen, die sich schützend auf die Schleimhaut der Atemwege legen, zum Beispiel **Spitzwegerich**, **Malve** und **Linde**.
Feuchter Husten äußert sich durch anschließendes Schmatzen oder Ausspucken von Schleim. Hier ist es wichtig, die Schleimlösung zu fördern, um die Atemwege zu befreien. Geeignete Heilpflanzen sind **Fenchel** oder **Fichte**. Die Therapie kann mit **Sonnenhut** (abwehrsteigernd) oder **Kapuzinerkresse** (antibakteriell) unterstützt werden. Auch Kamille und Pfefferminze können durch ihre entzündungshemmende Wirkung hilfreich sein.
Sollte der Husten von Atemnot oder vermindertem Allgemeinbefinden begleitet sein, Ihr Hund nicht enden wollende Hustenanfälle haben, der ausgespuckte Schleim blutig sein oder das Tier länger als eine Woche husten, sollten Sie einen Tierarzt oder Tierheilpraktiker kontaktieren, da auch Herzerkrankungen, Lungenentzündungen und -tumoren zu Husten führen können.

Lahmheit

Leichte Lahmheiten, bei denen Ihr Hund das betroffene Bein noch deutlich belastet und die plötzlich auftreten, sind häufig durch Verstauchungen und Prellungen verursacht. Diese können zu Entzündungen führen, die durch ständige Belastung an der Abheilung gehindert werden. Sie sollten die tägliche Gassi-Runde auf wenige Minuten an der Leine reduzieren und können den Heilungsprozess mit **Weide**, **Brennnessel** oder **Birke** unterstützen.

Sollte sich die Lahmheit nicht innerhalb einer Woche bessern, sollten Sie einen Tierarzt, Tierheilpraktiker oder Tierphysiotherapeuten kontaktieren.
Belastet Ihr Hund das betroffene Bein gar nicht oder kaum, sollten Sie umgehend einen Tierarzt konsultieren.

Parasiten (→ Seite 36 f.)

Scheinträchtigkeit

Unter Scheinträchtigkeit der Hündin versteht man eigentlich eine Schein-Milchbildung ohne Welpen. Sie führt zu Gesäugeschwellung, die durch den Milchstau äußerst schmerzhaft werden kann, depressiven Verstimmungen oder Aggression des Tieres. **Salbei** reduziert die Milchbildung. **Johanniskraut** kann bei depressiven Formen der Scheinträchtigkeit verwendet werden, während **Lavendel** bei aggressiven Formen hilfreich ist.

Scheinträchtige Hündinnen sammeln ihre Spielzeuge und bewachen sie.

Schnupfen

Schnupfen äußert sich beim Hund durch Niesen und Nasenausfluss und ist wie Husten als Abwehrstrategie des Körpers zu verstehen. Zur Therapie können die **gleichen Heilpflanzen** angewendet werden wie beim Husten. Sollte Ihr Tier gleichzeitig vermindertes Allgemeinbefinden zeigen, Niesanfälle haben, der Nasenschleim blutig sein oder es länger als eine Woche am Stück niesen, kontaktieren Sie bitte einen Tierarzt oder Tierheilpraktiker.

Verstopfung

Bei Verstopfung wird der Kot nicht abgesetzt, sondern sammelt sich im Enddarm. Ursache hierfür können übermäßige Aufnahme von Knochen, Sand oder anderen trockenen Futterbestandteilen, aber auch Schmerzen beim Kotabsatz sein. Betroffene Hunde versuchen ständig erfolglos, Kot abzusetzen. Auch bei Durchfall kann es zu häufigen Kotabsatzversuchen kommen, der Hund verliert dann aber zumindest hin und wieder ein paar Tropfen flüssigen Kot. Eine Verstopfung kann zu einem Darmverschluss führen und dann lebensgefährlich sein, was sich in schlechtem Allgemeinbefinden, Erbrechen und Appetitlosigkeit äußert. Bitte kontaktieren Sie in diesen Fällen einen Tierarzt. Auch wenn die Verstopfung bei gutem Allgemeinbefinden länger als 24 Stunden anhält, sollten Sie einen Tierarzt kontaktieren.
Zur Therapie eignen sich neben Leinsamenschrot **Kamille**, **Pfefferminze** und **Fenchel**.

Wunden (frische)

Bei frischen Wunden kommt der Wundreinigung die größte Rolle zu, um eine Infektion zu verhindern. Frische Wunden sollten zunächst mit sauberem Wasser von sichtbaren Verschmutzungen befreit werden. Anschließend können Sie die Wunde mit desinfizierenden und heilungsfördernden Heilpflanzen behandeln. Als Erste Hilfe auf dem Hundespaziergang bieten sich **Spitzwegerich** und **Malve** an. Zur Wundspülung zu Hause ist die **Ringelblume** die bevorzugte Heilpflanze. Aber auch **Birke**, **Kamille** und **Salbei** können wunderbar zur Wundreinigung verwendet werden.

Zahnfleischentzündung

Zahnfleischentzündungen können im Zahnwechsel, nach Verletzungen in der Mundhöhle und bei Zahnstein bzw. Parodontitis auftreten und führen zu Rötungen in der Mundhöhle, Schmerzen bei der Futteraufnahme, fauligem Mundgeruch und gegebenenfalls zu Appetitlosigkeit. Insbesondere **Spitzwegerich** und **Salbei** werden häufig zur Therapie verwendet. Aber auch **Kamille** und **Heidelbeere** können versucht werden, um Zahnfleischentzündungen zu lindern oder zu heilen.

Sind die Zahnschmerzen so stark, dass Ihr Hund appetitlos ist oder Futter beim Kauen fallen lässt, sollten Sie sich an einen Tierarzt oder Tierheilpraktiker wenden. Ebenso, wenn leichte Zahnfleischentzündungen länger als eine Woche anhalten.

Phytotherapie bei schwerwiegenden Erkrankungen

In diesem Teil finden Sie häufige Erkrankungen des Hundes, für deren Diagnose es eines Tierarztes oder Tierheilpraktikers bedarf. Viele dieser Krankheiten können mit Heilpflanzen jedoch ebenso gut geheilt oder gelindert werden wie mit herkömmlichen Medikamenten. Bei anderen Erkrankungen führt eine unterstützende pflanzliche Therapie zu einer beschleunigten Heilung oder vermindertem Medikamentenbedarf. Dieser Teil des Buches soll Ihnen Mut machen, Ihren Tierarzt konkret auf pflanzliche Alternativen anzusprechen. Bitte sehen Sie bei der Nennung der jeweiligen Heilpflanzen im Kapitel »Pflanzenprofile« nach (→ Seite 64 ff.), um Details zu erfahren und sich genau über die möglichen Behandlungen zu informieren.

Arthrose

Arthrose ist eine degenerative Gelenkerkrankung, die meist bei älteren Hunden auftritt und nur durch einen Tierarzt oder Tierheilpraktiker diagnostiziert werden kann. Sie äußert sich in wiederkehrenden Lahmheiten und Schmerzen des Bewegungsapparates, die wetterabhängig auftreten können. Um die Gelenkfunktion so lange wie möglich zu erhalten, sollten die betroffenen Hunde sich mindestens einmal täglich eine halbe Stunde

am Stück bewegen. Die Gelenkfunktion kann durch Ergänzungsfuttermittel, die Omega-3-Fettsäuren, Kollagen und Chondroitinsulfat bzw. Glucosamin enthalten, wirksam unterstützt werden.
Ist die Arthrose so weit fortgeschritten, dass eine entzündungshemmende Schmerztherapie notwendig ist, stehen mit **Weide**, **Brennnessel** und **Birke** wirksame Heilpflanzen zur Verfügung, die den Bedarf chemischer Entzündungshemmer ersetzen oder reduzieren können.

Bandscheibenvorfall

Bandscheibenvorfälle betreffen häufig Hunderassen mit überlangem Rücken, können aber auch bei allen anderen Hunden auftreten. Im geringgradigen Fall äußern sie sich durch Rückenschmerzen, können aber auch zu Lähmungserscheinungen der Hintergliedmaßen führen. Für die Diagnose ist neben einem Röntgenbild häufig ein MRT notwendig. Die Nervenheilung nach einem Bandscheibenvorfall, egal ob dieser operativ oder konservativ behandelt wird, kann durch **Johanniskraut** wirksam unterstützt werden. Auch entzündungshemmende Heilpflanzen wie **Weide**, **Brennnessel** und **Birke** können hilfreich sein und die benötigte Menge chemischer Schmerzmittel reduzieren.

Blähungen (Meteorismus)

Blähungen gehen häufig mit starken Bauchschmerzen einher, welche auch von lebensgefährlichen Erkrankungen wie Darmverschluss oder Bauchfellentzündung ausgehen können. Aus diesem Grund ist die Abklärung durch einen Tierarzt häufig unumgänglich. Blähungen werden durch Aufnahme verdorbener (gärender) Futtermittel, Hülsenfrüchte oder durch falsche Zusammensetzung der physiologischen Darmflora verursacht. Sie äußern sich in krampfartigen Bauchschmerzen, vermehrten Darmgeräuschen und verstärktem Abgang von Darmwinden (»Pupsen«). Entkrampfend auf den Magen-Darm-Trakt wirken insbesondere **Fenchel**, **Pfefferminze** und **Kamille**.

Harnwegsentzündungen

Harnwegsentzündungen äußern sich durch vermehrten Urinabsatz in kleinen Portionen, braunen bis blutigen Urin und Schmerzen beim Urinabsatz. Es ist wichtig, zwischen Harnwegsinfektionen, Blasengrieß (→ Seite 55) und reinen Entzündungen zu unterscheiden.

Nicht infektiöse Entzündungen der Harnwege werden häufig durch Stress ausgelöst. Sie können allein mit harntreibenden und entzündungshemmenden Heilpflanzen wie der **Brennnessel** oder der **Birke** therapiert werden. Gegebenenfalls kombiniert man sie mit krampflösendem **Liebstöckel**, **Löwenzahn** oder **Fenchel**.

Auch leichte bakterielle Harnwegsinfektionen können allein mit Heilpflanzen therapiert werden. Die oben genannten Heilpflanzen kombiniert man mit antibakteriell wirkenden **Birnenblättern** und **Kapuzinerkresse**.

Bei allen Harnwegsentzündungen ist es wichtig, dass Ihr Hund genügend Flüssigkeit zu sich nimmt, um Entzündungsprodukte und Bakterien aus dem Körper zu spülen.
Die alleinige Therapie mit Heilpflanzen sollte nur unter Kontrolle durch einen Tierarzt oder Tierheilpraktiker erfolgen.

Herzinsuffizienz

Eine Herzinsuffizienz beim Hund kann verschiedene Ursachen haben und tritt zumeist bei älteren Tieren auf. In mehreren Studien konnte bestätigt werden, dass **Weißdorn** zu einer signifikanten Verbesserung der Symptome führt und auch als lebenslanges Therapeutikum gut verträglich ist.

Beobachten Sie Ihr Tier genau, wenn es erschöpft wirkt.

Leber- und Gallenerkrankungen

Erkrankungen der Leber und der Galle können in der Regel nur durch Blut- oder Ultraschalluntersuchung festgestellt werden. Bei entzündlichen, degenerativen oder tumorösen Erkrankungen der Leber sollten immer **Mariendistel**präparate gegeben werden, um die Zerstörung von Leberzellen zu vermindern. Bei Erkrankungen der Gallenwege, die mit krampfartigen Bauchschmerzen einhergehen, kann die Gabe von **Löwenzahn** oder **Fenchel** äußerst hilfreich sein.

Magengeschwür und -schleimhautentzündung (Gastritis)

Magenschleimhautentzündungen äußern sich mit Schmerzen nach der Futteraufnahme, Appetitlosigkeit und gegebenenfalls auch mit Erbrechen. Häufig ist das Erbrochene blutig und deshalb von rosa Schlieren durchzogen oder stecknadelkopfgroßen Blutkoageln durchsetzt. Eine Gastritis kann durch Infektionserreger, aber auch durch Gifte, unverträgliches Futter oder Stress hervorgerufen werden. Bei einem Magengeschwür ist die Entzündung so stark, dass die oberen Schichten der Magenwand bereits zerstört sind.
Magenschleimhautentzündungen und -geschwüre gelten in der Schulmedizin als schwer therapierbar. **Kamille** und **Malve** sind pflanzliche Alternativen, die in mehreren Vergleichsstudien mindestens so effektiv waren wie chemische Arzneimittel.

Nieren- und Blasengrieß

In den Harnwegen können sich Grieß und Steine bilden, welche die Schleimhaut reizen, zu Harnwegsentzündungen und im schlimmsten Fall zum Verschluss der Harnwege führen.

In den meisten Fällen können Grieß und Steine durch eine Diät, die auf deren Zusammensetzung abgestimmt ist, aufgelöst und ausgespült werden. Für die Bestimmung der notwendigen Diät ist die Untersuchung des Grießes beziehungsweise der Steine notwendig.

Sie können die Auflösung der Steine durch harntreibende Heilpflanzen wie **Brennnessel** und **Birke** unterstützen.

Tumorerkrankungen

Mit der **Mistel** steht ein pflanzliches Arzneimittel zur Verfügung, dass sich in mehreren Studien als äußerst wirksam gegen Tumorerkrankungen erwiesen hat. Die Therapie sollte nur unter strenger Indikationsstellung und Aufsicht eines Tierarztes oder Tierheilpraktikers erfolgen.

Wunden (schlecht heilende)

Schlecht heilende Wunden sollten immer von einem Tierarzt oder Tierheilpraktiker auf Infektionen, Fremdkörper oder Tumoren als Ursache untersucht und nicht auf die leichte Schulter genommen werden. Durch **Johanniskraut** und **Ringelblume** kann die Wundheilung wirksam unterstützt werden.

Heilpflanzen-profile

Im zweiten Teil des Buches finden Sie

Bilder, Beschreibungen und

Anwendungsmöglichkeiten von Heilpflanzen.

Die Pflanzen und ihr Charakter

Die meisten der hier beschriebenen Heilpflanzen sind ungiftig für Hunde und können auch von Laien bedenkenlos angewendet werden. Einige wenige Heilpflanzen, wie Knoblauch und Wermut, sind leicht giftig und werden als solche explizit gekennzeichnet. Diese Heilpflanzen lösen bei Überdosierung erhebliche Nebenwirkungen aus, sie wurden jedoch trotzdem ausgewählt, weil für ihre Indikation keine ungiftigen Alternativen zur Verfügung stehen. Bitte halten Sie sich bei diesen Heilpflanzen unbedingt an die genannten Dosierungen.
Des Weiteren werden Heilpflanzen, z. B. Weißdorn und Mistel, beschrieben, deren Anwendungsgebiet die exakte Diagnose eines Tierarztes oder Tierheilpraktikers erfordern. Auch diese wurden explizit als solche gekennzeichnet.

Der Tierarzt gibt Aufschluss, wenn Sie nicht mehr weiterwissen.

Identifikation der Heilpflanzen

Viele Heilkräuter lassen sich mit den hier beschriebenen Merkmalen und Abbildungen gut identifizieren. Insbesondere bei Verwechslungsgefahr mit giftigen Pflanzen kann es jedoch sinnvoll sein, zusätzlich ein botanisches Bestimmungsbuch oder eine App zu verwenden (→ Seite 156).

Unter den Merkmalen der Pflanzen wurden diejenigen bevorzugt ausgewählt, die eine Bestimmung der Pflanze während des Sammelzeitpunkts erleichtern.

Anwendungsgebiete

Für jede Heilpflanze gibt es Indikationen, für die sie besonders geeignet ist. Diese werden jeweils zuerst genannt. Die meisten Heilpflanzen besitzen jedoch ein sehr breites Wirkspektrum, für das sie zumindest in Kombination mit anderen Pflanzen auch verwendet werden können. Diese Indikationen stehen weiter unten im jeweiligen Text.

Dosierungen

Die passende Dosierung ist abhängig vom Körpergewicht des Hundes. Jeder kann sich vorstellen, dass ein Yorkshire-Terrier, der vielleicht 3,5 Kilogramm wiegt, nicht die gleiche Dosis benötigt wie ein Leonberger, der bis zu 80 Kilogramm auf die Waage bringen kann. Aus diesem Grund sind die Dosierungen in Gramm bzw. Milliliter pro Kilogramm Körpergewicht angegeben. Um die für sein

Tier passende Dosis zu erhalten, muss man die angegebene Dosis mit dem Körpergewicht multiplizieren.

Beispiel 1

Die Yorkshire-Terrier-Hündin Candy wiegt 3,5 kg und soll Lindenblütenextrakt bekommen, dessen Dosierung mit 0,3 ml/1 kg Körpergewicht angegeben ist:
0,3 ml/kg × 3,5 kg = 1,05 ml.

Candy bekommt also 1,05 ml Lindenblütenextrakt.

Beispiel 2

Der Leonberger-Rüde Floki wiegt 55 kg und soll ebenfalls Lindenblütenextrakt bekommen, dessen Dosierung mit 0,3 ml/kg Körpergewicht angegeben ist:
0,3 ml/kg × 55 kg = 16,5 ml.

Floki bekommt also 16,5 ml Lindenblütenextrakt.

INFO

MASSANGABEN

Bezüglich der Maßangaben für Heilpflanzen ist zu bedenken, dass die heute üblichen Löffel weniger fassen als früher und dass eine Tasse je nach Kulturkreis zwischen 100 bis 285 ml bedeuten kann.

Die Angaben in diesem Buch beziehen sich auf folgende Referenzgrößen:

1 TL = 5 ml

1 EL = 15 ml

1 Tasse = 150 ml

Um diese kleinen Mengen exakt abmessen zu können, eignen sich Messzylinder oder ein Messlöffel-System.

Sinnvolle Kombinationen

Für die meisten Heilpflanzen werden Kombinationen genannt, die sich sinnvoll ergänzen. Von anderen Kombinationen ist abzuraten, da die Wirkung der Heilpflanzen sich gegenseitig aufheben kann. Dies ist z. B. bei Weide und Sonnenhut der Fall.

GIFTIGE HEILPFLANZEN

INFO

Auf den ersten Blick hört sich das nach einem Widerspruch an. Doch neben vielen Pflanzen, die grundsätzlich als giftig gelten, gibt es viele Heilpflanzen, die zwar beim Menschen erfolgreich eingesetzt werden können, für unsere Hunde jedoch giftig sind. Nachfolgend finden Sie eine Liste einiger häufig vorkommender Giftpflanzen.

Sehr giftig

Folgende Heilpflanzen sollten Sie **unter keinen Umständen** bei Ihrem Hund anwenden:

- Adonisröschen *(Adonis vernalis)*
- Besenginster *(Cytisus scoparius)*
- Fingerhut *(Digitalis,* alle Arten)
- Glockenbilsenkraut *(Scopolia carniolica)*
- Herbstzeitlose *(Colchicum autumnale)*
- Lebensbaum *(Thuja occidentalis)*
- Maiglöckchen *(Convallaria majalis)*
- Rosskastanie *(Aesculus hippocastanum)*
- Schöllkraut *(Chelidonium majus)*
- Tollkirsche *(Atropa belladonna)*

INFO

Giftig

Folgende Heilpflanzen sollten Sie **nur auf ausdrückliche Verordnung durch einen Tierarzt** anwenden:

- Ackerschachtelhalm *(Equisetum arvense)*
- Hanf *(Cannabis sativa)*
- Mistel *(Viscum album)*
- Wacholder *(Juniperus communis)*
- Weißdorn *(Crataegus monogyna)*

Mindergiftig

Folgende Heilpflanzen sind **bei Überdosierung** giftig. Es ist auf eine exakte Dosierung zu achten.

- Knoblauch *(Allium sativum)*
- Wermut *(Artemisia absinthium)*

Schöllkraut kann für Hunde tödlich sein.

Hänge**BIRKE**

Betula pendula

Entzündungshemmer für Blase und Bewegungsapparat

Hängebirken sind weitverbreitet und fallen durch ihre glänzend weiße Rinde auf. Sie ist nicht nur ein gutes Erkennungsmerkmal, sie schützt den Stamm im Winter auch vor intensiver Sonneneinstrahlung, die sonst den Stamm reißen lassen würde. Besonders im nordeuropäischen und slawischen Raum wird die Birke seit dem Altertum wegen ihrer Heilwirkung bei Erkrankungen des Bewegungsapparates und der Haut geschätzt.

Wirkstoffe

Birkenblätter enthalten Triterpene (v. a. Betulin und Betulinsäure), welche die Urinproduktion erhöhen, sodass Bakterien, Entzündungszellen und Harngrieß aus dem Körper gespült werden. Die harntreibende Wirkung wird durch den hohen Kaliumgehalt der Blätter noch unterstützt. Der hohe Vitamin-C-Gehalt der Birkenblätter (bis 0,5 %) steigert nicht nur die körpereigene Abwehr, sondern senkt auch den pH-Wert des Urins und erschwert schädlichen Bakterien das Überleben in der Blase. Weitere bekannte Wirkstoffe der Birkenblätter sind Flavonoide (entzündungshemmend) und Phenolcarbonsäuren (entzündungshemmend und antimikrobiell).

Zubereitungsformen und Dosierungen

Birkenblätter werden wegen ihrer harntreibenden, antimikrobiellen und entzündungshemmenden Wirkung

Merkmale

Baum
bis 25 m hoch

Blüte
April–Mai
männliche Kätzchen bis 10 cm lang und hängend, weibliche Kätzchen kürzer und stehend

Blätter
dreieckig bis rautenförmig
6–7 cm lang
Blattrand doppelt gesägt

Rinde
leuchtend weiß
papierdünne Schichten, die glatt anliegen oder sich abrollen; im Alter mit dunklen Rissen

Krone
Krone locker
Zweige meist hängend

Vorkommen
lichte Laub- und Nadelwälder, Magerweiden, Heiden, Ödflächen; saure, trockene bis leicht feuchte Böden

Sammelzeitpunkt
April/Mai

Verwendeter Bestandteil
Blätter

Wirkung
harntreibend, entzündungshemmend, antimikrobiell

Anwendungsgebiete

Innerlich
Entzündungen der Harnwege, Nieren- und Blasengrieß, chronische Entzündungen des Bewegungsapparates

besonders gern innerlich bei Harnwegserkrankungen verwendet. Durch ihre entzündungshemmende Wirkung sind Birkenblätter auch zur Therapie von chronischen Entzündungen des Bewegungsapparates, z. B. Arthritis und Arthrose, geeignet.

Innerliche Anwendung

Da die harntreibende Wirkung nur bei ausreichender Flüssigkeitszufuhr erfolgreich ist, werden bei Harnwegserkrankungen bevorzugt Teezubereitungen verabreicht, die zum Futter gegeben werden.

Aufguss

1 ½ TL (ca. 1,5 g) zerkleinerte getrocknete Birkenblätter werden mit 150 ml kochendem Wasser überbrüht. Den Tee 15 Minuten abgedeckt ziehen lassen und anschließend abseihen. Den abgekühlten Tee mit dem normalen Futter vermischen.

Tagesdosis: 3-mal täglich 5 ml pro 1 kg Körpergewicht

Frischpflanzen-Presssaft

Falls Ihr Hund den Birkenblättertee verweigert, können Sie auf Frischpflanzen-Presssaft ausweichen. Bitte achten Sie darauf, das normale Futter dann mit Wasser anzureichern (mindestens 5 ml Wasser pro 1 kg Körpergewicht).

Tagesdosis: 3-mal täglich 0,2 ml pro 1 kg Körpergewicht mit der gleichen Menge Wasser verdünnt

Sinnvolle Kombinationen

Bei bakteriellen Harnwegsinfekten bieten sich Birnenblätter zur Kombination an. Bei entzündlichen Erkrankungen des Bewegungsapparates können Birkenblätter mit Brennnesselblättern oder Weidenrinde kombiniert werden.

Äußerliche Anwendung

Durch ihre entzündungshemmenden und antimikrobiellen Eigenschaften eignet sich ein Aufguss aus Birkenblättern auch zur Spülung von Wunden und als Umschlag bei Entzündungen der Haut.

Nebenwirkungen, Gegenanzeigen und Wechselwirkungen

Birkenblätter sollten nicht verwendet werden, wenn Steine die Harnwege verlegen (Harnabsatzversuche ohne Urinabsatz) oder der vierbeinige Patient unter Herz- oder Niereninsuffizienz leidet.

INFO

ALTERNATIVPFLANZE

Die Blätter der Moorbirke *(Betula pubescens)*, die auch als Haar- oder Besenbirke bezeichnet wird, enthalten die gleichen Wirkstoffe und können auf die gleiche Art und Weise verwendet werden wie die Blätter der Hängebirke.

KulturBIRNE

Pyrus communis

Pflanzliches Antibiotikum für die Blase

Die schmackhaften Früchte und das vielseitig verwendbare Holz sind nicht die einzigen Qualitäten des Birnbaums: Seine Blätter enthalten ein pflanzliches Antibiotikum. Dieses wirkt ausschließlich in den Harnwegen und beeinträchtigt deshalb, im Gegensatz zu vielen anderen Antibiotika, die Darmflora **nicht**. Nach dem gleichen Prinzip wirken Bärentraubenblätter, diese stehen jedoch unter Naturschutz und werden wegen ihres bitteren Geschmacks von Hunden nur selten akzeptiert.

Wirkstoffe

Birnenblätter enthalten das Phenolglycosid Arbutin (2–8 %). In der Leber werden aus Arbutin wirkungslose

Hydrochinonverbindungen gebildet, welche über die Blase ausgeschieden werden. Erst dort spalten Bakterien den Wirkstoff Hydrochinon ab, der eine antibakterielle Wirkung aufweist. Des Weiteren enthalten Birnenblätter den ebenfalls keimhemmenden Wirkstoff Phloretin und nicht resorbierbare Gerbstoffe.

Zubereitungsformen und Dosierungen

Birnenblätter werden ausschließlich innerlich zur Therapie bakterieller Harnwegsinfektionen verwendet.

Innerliche Anwendung

Das Kaltmazerat der Birnenblätter enthält weniger Gerbstoffe als ein klassischer Aufguss und wird geschmacklich besser von Hunden akzeptiert.

Merkmale

Baum
bis 20 m hoch
Blüte
April–Mai
1–9 Blüten in Doldentrauben
5 weiße Blütenblätter
Staubbeutel weinrot
Blätter
eiförmig, lang gestielt
5–8 cm lang
Blattrand gekerbt-gesägt
Oberseite glänzend dunkelgrün, Unterseite blaugrün

Vorkommen
Obstgärten, teilweise verwildert
warme, basenreiche, tiefgründige Lehmböden
Sammelzeitpunkt
April/Mai
Verwendeter Bestandteil
Blätter
Wirkung
harndesinfizierend

Anwendungsgebiete

Innerlich
bakterielle Infektionen der Harnwege

Kaltmazerat

1 EL getrocknete, zerkleinerte Birnenblätter (ca. 2,5 g) in 150 ml kaltes Wasser geben. Mehrere Stunden ziehen lassen und mehrfach umrühren, dann abseihen. Das Kaltmazerat für 3–5 Minuten auf mehr als 60 °C erhitzen, um Fäulnisbakterien und Schimmelpilze abzutöten.
Tagesdosis: 3-mal täglich 2,5 ml pro 1 kg Körpergewicht

Glycerit

Bei Hunden, die regelmäßig unter Harnwegsinfekten leiden, kann es sinnvoll sein, ein Birnenblätter-Glycerit auf Vorrat herzustellen. 10 g Birnenblätter werden mit 70 ml Glycerin (99,5 %) und 30 ml Wasser extrahiert (→ Seite 34 und 40 f.).
Tagesdosis: 3-mal täglich 0,5 ml pro 1 kg Körpergewicht

Sinnvolle Kombinationen

Birnenblätter sollten mit einer harntreibenden und entzündungshemmenden Heilpflanze (z. B. Brennnessel- oder Birkenblättern) und mit einer krampflösenden Heilpflanze (z. B. Liebstöckel oder Löwenzahn) kombiniert werden.

Nebenwirkungen, Gegenanzeigen und Kontraindikationen

Birnenblätter sollten ohne tierärztlichen Rat nicht länger als eine Woche und nicht bei Jungtieren, in der Trächtigkeit und während der Säugeperiode verabreicht werden.

Große BRENNNESSEL

Urtica dioica

Ungeliebtes Unkraut mit entzündungshemmender Wirkung

Bereits die meisten Kindergartenkinder erkennen die Brennnessel und fürchten sich vor ihrer brennenden, schmerzhaften Wirkung bei Hautkontakt. Verantwortlich für diesen Effekt sind feine Härchen an der Unterseite der Blätter. Diese enthalten Histamin und andere biogene Amine, die als körpereigene Botenstoffe bei Allergien fungieren und zu Hautschwellung, Rötung und dem charakteristischen Brennen bzw. Jucken führen.
Die harntreibende Wirkung der Brennnessel war bereits im antiken Griechenland bekannt. Doch nicht nur bei Harnwegsentzündungen ist sie ein effektives Therapeutikum. Mehrere unabhängige wissenschaftliche Studien bei Arthrosepatienten zeigten, dass Schmerz und Bewe-

gungseinschränkung unter Brennnesseltherapie signifikant abnahmen. Die meisten der Teilnehmer konnten ihre herkömmlichen Schmerzmittel deutlich reduzieren. Ein Drittel der Teilnehmer konnte sie sogar komplett absetzen. Hierbei erwiesen sich besonders die frische Pflanze, aber auch der Frischpflanzen-Presssaft als die effektivsten Zubereitungsformen der Brennnesselblätter.

Wirkstoffe

Brennnesselblätter enthalten Caffeoyläpfelsäure und verschiedene ungesättigte Fettsäuren, die hemmend auf die Produktion von Entzündungsmediatoren wirken und dadurch chronisch-entzündliche Prozesse positiv

Große Brennnessel

Merkmale

Staude
30–150 cm hoch

Blüte
Juli–Oktober
weiblicher Blütenstand hängend, männlicher Blütenstand stehend

Blätter
herzförmig
Blattrand gezähnt
gegenständig wachsend, behaart

Stängel
behaart

Vorkommen
häufig
Dörfer, Schuttplätze, Waldränder
stickstoffreiche Böden

Sammelzeitpunkt
Juni–September
sobald die Blüten in den Blattachseln erscheinen

Verwendeter Bestandteil
Blätter
Stiele bis 3 cm Durchmesser
Wurzel

Wirkung
harntreibend, entzündungshemmend

Anwendungsgebiete

Innerlich
Entzündungen der Harnwege, Nieren- und Blasengrieß, chronische Entzündungen des Bewegungsapparates, gutartige Prostatavergrößerung

beeinflussen. Der entzündungshemmende Effekt wird durch die antioxidativ wirkenden Flavonoide unterstützt. Die harntreibende Wirkung der Brennnessel beruht auf ihrem hohen Kaliumgehalt. Weitere wichtige Inhaltsstoffe sind Vitamin C (abwehrsteigernd), Vitamin K (notwendig für die Blutgerinnung) und Eisen (notwendig für die Blutbildung).
Die Brennnesselwurzel enthält neben entzündungshemmenden Wirkstoffen Sterole, welche die Bildung von Testosteron reduzieren. Da die gutartige Prostatavergrößerung testosteronabhängig ist, bessern sich die Symptome durch die Verabreichung der Brennnesselwurzel.

Zubereitungsformen und Dosierungen

Je nach Erkrankung werden die Blätter oder die Wurzeln der Brennnessel verwendet.

Innerliche Anwendung

Bei entzündlichen Erkrankungen der Harnwege und des Bewegungsapparates kommen die Blätter zur Anwendung, während die Wurzel zur Therapie von Prostataerkrankungen verwendet wird.

Brennnesselblätter

Die entzündungshemmende Wirkung der Blätter beruht auf der Kombination von Caffeoyläpfelsäure, ungesättigten Fettsäuren und Flavonoiden. Bei Harnwegserkrankungen sollten Sie das Futter zusätzlich mit Wasser anreichern, da die harntreibende Wirkung der Birkenblätter grundsätzlich nur bei ausreichender Wasserzufuhr erfolgreich ist.

Frische Pflanze

Um die irritierende Wirkung der Brennhaare zu mindern, die frischen Brennnesseln anwelken lassen oder zu einem Smoothie pürieren oder kurz dämpfen. Anschließend die Brennnesselblätter mit dem Futter mischen.
Tagesdosis: 3-mal täglich 1 g pro 1 kg Körpergewicht

Frischpflanzen-Presssaft

Den Frischpflanzen-Presssaft mit etwas Wasser verdünnen und über das Futter oder direkt in den Mund geben.
Tagesdosis: 3-mal täglich 0,1 ml pro 1 kg Körpergewicht, mit der gleichen Menge Wasser gemischt

Brennnesselwurzel

Zur Therapie der gutartigen Prostatavergrößerung werden wässrige Extrakte (→ Seite 27) der Brennnesselwurzel verabreicht.

Dekokt

1 TL grob gepulverte, getrocknete Brennnesselwurzel wird mit 150 ml kaltem Wasser angesetzt und bis zum Sieden erhitzt. 1 Minute sieden lassen, 10 Minuten bedeckt ziehen lassen und dann abseihen.
Tagesdosis: 3-mal täglich 2 ml pro 1 kg Körpergewicht

Sinnvolle Kombinationen

Bei bakteriellen Harnwegsinfektionen können Sie Brennnesselblätter mit Birnenblättern kombinieren. Zur Therapie krampfartiger Blasenschmerzen eignet sich die Kombination mit Liebstöckel. Bei Erkrankungen des Bewegungsapparates können Brennnesselblätter zusammen mit Birkenblättern oder Weidenrinde verabreicht werden.

Nebenwirkungen, Gegenanzeigen und Kontraindikationen

Brennnesselblätter sollten nicht verwendet werden, wenn Steine die Harnwege verlegen (Harnabsatzversuche ohne Urinabsatz) oder der vierbeinige Patient unter Herz- oder Niereninsuffizienz leidet.

INFO

ALTERNATIVPFLANZE

Statt der Großen Brennnessel kann auch die Kleine Brennnessel *(Urtica urens)*, auch Gartenbrennnessel genannt, verwendet werden. Sie enthält die gleichen Wirkstoffe.

MarienDISTEL

Silybum marianum

Heilung für die Leber

Die Mariendistel stammt ursprünglich aus dem Mittelmeerraum und wurde dort schon in der Antike als Heilpflanze verwendet. Sie kann sowohl bei Vergiftungen als auch bei Infektionen, Entzündungen und Tumorerkrankungen der Leber verwendet werden.

Wirkstoffe

Mariendisteln enthalten bis zu 3 % Silymarin, ein Flavonoid, dass Leberzellen vor Zerstörung schützt. Die Schutzwirkung der Mariendistel wurde in mehreren Studien wissenschaftlich untersucht und ist so groß, dass der isolierte Wirkstoff bisher das einzige wirksame Medikament gegen Vergiftungen mit dem Knollenblätterpilz darstellt.

Zubereitungsformen und Dosierungen

Innerliche Anwendung

Getrocknete Mariendistelfrüchte lassen sich nur schwer zerkleinern, deshalb ist es empfehlenswert, auf Fertigpräparate in Kapselform oder lose erhältliches Pulver zurückzugreifen.

Tagesdosis: 1-mal täglich 50 mg pro 1 kg Körpergewicht

Nebenwirkungen, Gegenanzeigen und Kontraindikationen

Es sind keine bekannt.

Merkmale

1- bis 2-jähriges Kraut
bis 150 cm

Blüte
Frühjahr
violette Körbchen
ca. 5 cm Durchmesser

Blätter
Grundblätter elliptisch, fiederspaltig
Stängelblätter kleiner, weniger tief geteilt

Stängel
kahl oder flaumig behaart

Vorkommen
trockene, nährstoffarme, oft steinige Böden

Sammelzeitpunkt
August–September

Verwendeter Bestandteil
Früchte

Wirkung
leberprotektiv

Anwendungsgebiete

Innerlich
Lebererkrankungen

FENCHEL

Foeniculum vulgare

Der Krampflöser

Als Heilmittel werden die Früchte von Bitterfenchel und Süßfenchel verwendet. Der Gemüsefenchel hingegen ist eine weitere Unterart, deren verdickte Blattgründe eine zwiebelähnliche Knolle bilden. Um ihre Heilwirkung entfalten zu können, müssen die Früchte unmittelbar vor der Verwendung gemörsert werden. Die wichtigsten Wirkstoffe befinden sich innerhalb von sogenannten Sekreträumen in den Früchten, die sonst nicht zugänglich sind. Wird der Fenchel zu früh zerkleinert, wie dies bei Tee in Beuteln der Fall ist, verdunsten die Wirkstoffe.

Wirkstoffe

In den Früchten des Arzneifenchels sind mindestens 4 % ätherische Öle enthalten. 50–70 % davon sind Anethol, das den Kalziumeinstrom in die glatte Muskulatur von Magen, Darm, Gebärmutter und Blase hemmt und dadurch krampflösend wirkt.

Zubereitungsformen und Dosierungen

Die Hauptanwendungsgebiete des Fenchels sind krampfartige Schmerzen im Bauchraum, entzündliche Erkrankungen der Atemwege und mangelnde Milchbildung.

Innerliche Anwendung

Die bevorzugte Anwendungsart ist Tee, aber auch Fenchelhonig kann innerlich verabreicht werden.

Tee

1 TL Fenchelfrüchte (ca. 2,5 g) werden mit 150 ml nicht mehr kochendem Wasser übergossen. Nach 5 Minuten Ziehzeit wird der Tee abgeseiht.
Tagesdosis: 3-mal täglich 1 ml pro 1 kg Körpergewicht

Fenchelhonig

10 g (ca. 4 TL) gemörserte Fenchelsamen mit 100 ml flüssigem Honig verrühren und bei Zimmertemperatur mindestens 3 Tage, besser 1–2 Wochen stehen lassen. Den Honig durch ein feinmaschiges Sieb abseihen.
Tagesdosis: 1-mal täglich 1 TL pro 10 kg Körpergewicht

Äußerliche Anwendung

Fencheltee (Zubereitung siehe oben) kann auch bei

Bindehautentzündungen verwendet werden. Saubere Kompressen werden mit dem Tee getränkt und für mehrere Minuten auf das betroffene Auge gelegt, oder das Auge wird mit dem frisch zubereiteten, abgekühlten Tee gespült.

Sinnvolle Kombinationen

Bei Magen-Darm-Erkrankungen sind Kombinationen mit Kamillenblüten oder Pfefferminzblättern sinnvoll. Zur Therapie von Atemwegserkrankungen kann Fenchel mit Sonnenhut kombiniert werden.

Nebenwirkungen, Gegenanzeigen und Kontraindikationen

Es sind keine bekannt.

Merkmale

2- bis mehrjähriges Kraut
60–220 cm hoch
Blüte
Juli–September
5 gelbe Blütenblätter
Doppeldolden aus bis zu
40 Einzelblüten
Blätter
feingefiedert
Früchte
zylindrisch mit 5 Rippen
Vorkommen
Gartenpflanze
tiefgründige, nährstoff- und
basenreiche Böden

Sammelzeitpunkt
Ende Oktober–Anfang November
Verwendeter Bestandteil
Früchte
Wirkung
krampflösend, schleimlösend,
entzündungshemmend,
antimikrobiell, milchbildend

Anwendungsgebiete

Innerlich
krampfartige Bauchschmerzen,
Blähungen, Husten, Milchmangel

Gewöhnliche FICHTE

Picea abies

Endlich wieder frei atmen

Die Fichte ist eine der wichtigsten Wirtschaftsholzarten, z. B. für die Papierherstellung und den Bau, und ist deshalb fast überall zu finden. Als Flachwurzler reagiert sie jedoch empfindlich auf Wassermangel und Klimaveränderungen. Bei heftigen Stürmen wird sie häufig mitsamt dem Wurzelteller umgerissen. Schon im Mittelalter wurden Fichtensprossen bei Atemwegserkrankungen und Skorbut genutzt.

Wirkstoffe

Fichtensprossen enthalten viele ätherische Öle, unter anderem Bornylacetat und Borneol. Diese wirken schleimlösend und entspannend auf die glatte Muskulatur der Atemwege, sodass sowohl die Atmung als auch das Abhusten des Schleims erleichtert werden. Des Weiteren enthalten Fichtensprossen entzündungshemmende Flavonoide und steigern durch das enthaltene Vitamin C die körpereigene Abwehr.

Zubereitungsformen und Dosierungen

Zubereitungen aus Fichtensprossen können sowohl innerlich verabreicht als auch zur Inhalation verwendet werden.

Innerliche Anwendung

Da Fichtensprossen sehr bitter schmecken, werden süße Zubereitungen zur innerlichen Verabreichung bevorzugt.

Merkmale

Baum
bis 50 m hoch
Blüte
April–Juni
rot
Nadeln
immergrün
4-kantig, spitz, 1–2,5 cm lang
stehen nach allen Seiten ab
Zapfen
10–15 cm lang
hängend; fällt im Ganzen ab
Krone
kegelförmig
Vorkommen
natürlich ab 800 m ü.NN
als Forstbaum fast überall in Europa zu finden
feuchte Böden in winterkalten Gegenden
Sammelzeitpunkt
Frühjahr
Verwendeter Bestandteil
Fichtensprossen = junge Triebe
Wirkung
schleimlösend, bronchienerweiternd, entzündungshemmend, antimikrobiell, durchblutungsfördernd

Anwendungsgebiete

Innerlich
Atemwegserkrankungen

Fichtensprossenhonig

10 g Fichtensprossen zuerst mit einer Schere grob zerteilen und anschließend im Mörser so fein zerkleinern wie möglich. Die Fichtensprossen in einem Schraubglas mit 100 g Waldhonig übergießen und gut verschlossen 14 Tage bei Zimmertemperatur ausziehen lassen. Den Honig mit einem feinmaschigen Sieb abseihen.
Tagesdosis: 2-mal täglich 1 TL Honig pro 10 kg Körpergewicht

Aufguss

Der Aufguss aus Fichtensprossen kann sowohl zur Inhalation genutzt als auch innerlich verabreicht werden.
1 TL fein geschnittene Fichtensprossen mit 150 ml Wasser übergießen, zugedeckt 7 Minuten ziehen lassen, abseihen und abkühlen lassen. Zur Inhalation 1 Liter mit 6 TL Fichtensprossen zubereiten (→ Seite 35 f., Inhalation).
Tagesdosis: 3-mal täglich 5 ml pro 1 kg Körpergewicht

Sinnvolle Kombinationen

Zur Abwehrsteigerung können Fichtensprossen mit dem Sonnenhut kombiniert werden.

Nebenwirkungen, Gegenanzeigen und Kontraindikationen

Fichtensprossen sollten nicht bei Asthma oder Herzinsuffizienz verabreicht werden.

INFO

ALTERNATIVPFLANZEN

Die Sprossen von Latschenkiefer *(Pinus mugo)*, Schwarzkiefer *(Pinus nigra)*, Waldkiefer *(Pinus sylvestris)*, Seekiefer *(Pinus pinaster)* und Sumpfkiefer *(Pinus palustris)* haben die gleiche Wirkung wie Fichtensprossen und können gegeneinander ausgetauscht werden.

Latschenkiefer

Schwarzkiefer

Waldkiefer

Seekiefer

Sumpfkiefer

HEIDELBEERE

Vaccinium myrtillus

Blaue Beeren gegen Durchfall

Seit dem Mittelalter werden Heidelbeeren nicht nur als Nahrungsmittel, sondern auch als Heilmittel bei Durchfall, Entzündungen der Mundschleimhaut und der ableitenden Harnwege geschätzt. Neuere wissenschaftliche Studien weisen darauf hin, dass Heidelbeeren einen hemmenden Effekt auf Tumorzellen haben können.
Die meisten Hunde fressen Heidelbeeren sehr gern. Einige Hunde lernen sogar, die wohlschmeckenden blauen Früchte vom Strauch zu pflücken, um sie zu fressen.
Wenn Sie die Heidelbeere als Heilpflanze verwenden, sollten Sie Waldheidelbeeren bevorzugen. Sie erkenne diese an ihrem dunklen Fruchtfleisch, die meisten käuflich erwerbbaren Heidelbeeren haben hingegen ein weißes Fruchtfleisch.

Wirkstoffe

Heidelbeeren enthalten 5–10 % Gerbstoffe, die giftige Substanzen binden, adstringierend auf die Darmschleimhaut wirken und so den Flüssigkeitsverlust bei Durchfallerkrankungen mindern. Weitere Inhaltsstoffe sind Anthocyanide, Catechingerbstoffe und die Vitamine C, B_1, B_2.

Zubereitungsformen und Dosierungen

Bei Durchfällen, Entzündungen der Mundschleimhaut und Entzündungen der ableitenden Harnwege können Heidelbeeren sowohl frisch als auch getrocknet verwendet werden.

Merkmale

Strauch
15–50 cm hoch

Blüte
April–August
5 grünliche oder rötliche Blütenblätter
verwachsen, sodass Blüte kugelig rund wirkt
in Blattachseln

Blätter
oval
Blattrand gezähnt
wechselständig

Stängel
scharfkantig, wintergrün

Früchte
blau-schwarze Beere
5–8 mm groß

Vorkommen
Wälder und Heiden
frische, nährstoffarme, eher saure Böden

Sammelzeitpunkt
August

Verwendeter Bestandteil
Früchte

Wirkung
antiseptisch, adstringierend, Übelkeit lindernd

Anwendungsgebiete

Innerlich
Durchfall, Entzündungen der Mund- und Rachenschleimhaut, Entzündungen der ableitenden Harnwege

Innerliche Anwendung

Denken Sie daran: Nur die Wildformen mit dunklem Fruchtfleisch sind für Heilanwendungen geeignet.

Frische Heidelbeeren

Im Spätsommer werden Heidelbeeren frisch verfüttert. Außerhalb der Reifezeit können Sie stattdessen gefrorene Heidelbeeren verwenden. Bitte achten Sie darauf, dass diese vor der Verfütterung komplett aufgetaut sind und Raumtemperatur erreicht haben. Die Heidelbeeren pur oder mit Futter vermischt verabreichen.
Tagesdosis: 1 g pro 1 kg Körpergewicht, auf 4–5 Portionen verteilt

Heidelbeer-Brei

15 g getrocknete Heidelbeeren vor der Verwendung im Mörser pulverisieren. Die pulverisierten Heidelbeeren mit 150 ml kaltem Wasser übergießen, aufkochen und 10 Minuten lang auf kleiner Flamme köcheln lassen. Den abgekühlten Heidelbeerbrei pur verabreichen oder unter die Magen-Darm-Schonkost mischen.
Tagesdosis: 0,5 g pro 1 kg Körpergewicht, auf 4–5 Portionen verteilt

Nebenwirkungen, Gegenanzeigen und Kontraindikationen

Es sind keine bekannt.

JOHANNISKRAUT

Hypericum perforatum

Gelbes Kraut für gute Laune

Bereits in der Antike wurde Johanniskraut bei Verbrennungen verwendet, während seine stimmungsaufhellende Wirkung erst seit dem Mittelalter bekannt ist. Der antidepressive und angstlindernde Effekt des Johanniskrauts konnte auch beim Tier wissenschaftlich nachgewiesen werden.

Wirkstoffe

Die stimmungsaufhellenden Effekte beruhen auf der Kombination mehrerer Wirkstoffe, die sowohl Neurotransmitter als auch Enzyme und den Tag-Nacht-Rhythmus beeinflussen. Die im Johanniskraut enthaltenen Flavonoide und das Hypericin wirken entzündungshemmend und wundheilungsfördernd.

Zubereitungsformen und Dosierungen

Johanniskraut kann sowohl äußerlich als auch innerlich angewendet werden.

Äußerliche Anwendung

Äußerlich wird Johanniskraut vorwiegend als Öl-Extrakt, der wegen seiner Farbe umgangssprachlich auch als Rotöl bezeichnet wird, angewendet.

Öl

10 g Johanniskrautblüten werden mit 100 ml Sonnenblumenöl extrahiert. Das Öl sollte mindestens 14 Tage

Merkmale

Ausdauernde Staude
30–60 cm hoch
Blüte
Juli–August
5 goldgelbe Blütenblätter, am Rand schwarz punktiert
vielblütige Rispen
Blütenblätter an einer Seite gezähnt
färbt sich beim Zerreiben rot
Blätter
durchscheinend punktiert
1–2 cm lang
gegenständig
Stängel
zweikantig, stark verzweigt
Vorkommen
Weiden, Heiden, Brachflächen, Waldränder
magere Böden
häufig als Pionierpflanze
Sammelzeitpunkt
Juli/August
Verwendeter Bestandteil
oberirdische Teile der Pflanze
Wirkung
entzündungshemmend, wundheilungsfördernd, antibakteriell, angstlösend, antidepressiv

Anwendungsgebiete

Äußerlich
schwer heilende Wunden, Verbrennungen 1. Grades
Innerlich
Angstzustände, nervöse Unruhe, Scheinträchtigkeit, Nervenschäden

an einem dunklen, nicht zu kühlen Ort ziehen, bis das Öl eine rötliche Farbe angenommen hat, bevor es abgeseiht wird. Für schlecht heilende Wunden und Verbrennungen 1. Grades werden sterile Kompressen mit dem Öl getränkt und locker mittels Verband für 8–10 Stunden auf den Wunden fixiert.

Innerliche Anwendung

Tee

Zur Therapie von Angstzuständen oder depressiven Verstimmungen, zum Beispiel bei Scheinträchtigkeit oder dem Verlust eines Rudelmitglieds, sowie bei Nervenschäden (z. B. Bandscheibenvorfall) kann Johanniskraut als Tee verabreicht werden. 2 TL getrocknetes Johanniskraut werden mit 150 ml kochendem Wasser übergossen und nach 5–10 Minuten Ziehzeit abgeseiht.
Tagesdosis: 3-mal täglich 5 ml pro 1 kg Körpergewicht

Sinnvolle Kombinationen

Bei Scheinträchtigkeit kann Johanniskraut mit Salbei kombiniert werden.

Nebenwirkungen, Gegenanzeigen und Kontraindikationen

In Verbindung mit intensiver Sonneneinstrahlung können Schwellungen und Rötungen der Haut auftreten.

Echte KAMILLE

Matricaria chamomilla

Multitalent gegen Magengeschwüre

Die zurückgeschlagenen Blütenblätter und der hohle Blütenboden sind Erkennungsmerkmale für die Echte Kamille, denn nur diese enthält die heilenden Wirkstoffe. Sollten Sie Kamillenblüten kaufen, sollten Sie auf Arzneiqualität achten. Kamille in Lebensmittelqualität enthält keine bis wenig Echte Kamille. Auch wenn einige ihrer Verwandten der Echten Kamille sehr ähnlich sehen, haben sie kaum heilende Wirkung. Die Wirkungsweise der Kamille ist wissenschaftlich am besten erforscht.

Wirkstoffe

Sie enthält die ätherischen Öle alpha-Bisabolol und Chamazulen, die entzündungshemmend wirken. Alpha-Bisabolol hemmt außerdem die Pepsin-Sekretion im

Magen und wirkt so gegen Magenschleimhautentzündungen und -geschwüre. Die Schleimstoffe der Kamille wirken immunstimulierend und schleimhautschützend, die Flavonoide entzündungshemmend und wundheilungsfördernd.

Zubereitungsformen und Dosierungen

Äußerliche Anwendung

Äußerlich kann Kamille sowohl als Aufguss als auch als Tinktur verwendet werden.

Aufguss

1 gehäufter EL Kamillenblüten (ca. 3 g) werden mit 150 ml nicht mehr kochendem Wasser übergossen und nach 5–10 Minuten Ziehzeit abgeseiht. Der Aufguss kann für Spülungen des Auges, des Ohres und des Genitalbereiches verwendet werden. Mit Kamillenaufguss getränkte Kompressen oder Tücher können mehrmals täglich für 5–10 Minuten auf die Augenlider oder entzündete Hautareale aufgelegt werden. Des Weiteren kann der Aufguss zur Inhalation genutzt werden (→ Seite 35 f.).

Tinktur

10 g Kamillenblüten mit 100 ml 40 %igem Alkohol extrahieren (→ Seite 31 ff.). 1 TL Tinktur (ca. 5 ml) mit 250 ml Wasser verdünnen. Die verdünnte Tinktur wie den Aufguss verwenden. Mit Kamillenaufguss getränkte

Kompressen oder Tücher können mehrmals täglich für 5–10 Minuten auf die Augenlider oder entzündete Hautareale aufgelegt werden.

Innerliche Anwendung

Innerlich können Kamillenblüten als Aufguss oder als Glycerin-Extrakt verwendet werden. Bei Magenschleimhautentzündungen und -geschwüren sollte Kamille morgens als Erstes auf nüchternen Magen gegeben werden und die Fütterung frühestens eine halbe Stunde später

Merkmale

1-jährige Staude
15–40 cm hoch

Blüte
Mai–August
Korbblütler
weiße 5–10 mm lange Zungenblüten, zurückgeschlagen
Boden kegelförmig mit gelben Röhrenblüten, innen hohl

Blätter
2–3-fach fiederspaltig
schmale, linealische Abschnitte

Stängel
mehrfach geteilt

Vorkommen
frische, nährstoffreiche, kalkarme Böden
Lehmanzeiger
Getreidefelder, Wegränder, Schuttplätze

Sammelzeitpunkt
ab Mai/Juni

Verwendeter Bestandteil
Blüten

Wirkung
krampflösend, entzündungshemmend, antimikrobiell, immunstimulierend, wundheilungsfördernd

Anwendungsgebiete

Äußerlich
Wunden und Entzündungen der Haut, Bindehautentzündung, Ohrenentzündung, Scheidenentzündung, Atemwegserkrankungen

Innerlich
Magenschleimhautentzündung und -geschwüre, krampfartige Bauchschmerzen, Durchfall, Atemwegserkrankungen, Gesäugeentzündung

erfolgen. Im Optimalfall den Hund nach Gabe des Kamillentees jeweils für mehrere Minuten auf Bauch, Seite und Rücken liegen lassen, damit der Tee sich gut auf der Schleimhaut verteilen und einwirken kann (»Rollkur«).

Aufguss

1 gehäufter EL Kamillenblüten (ca. 3 g) wird mit 150 ml nicht mehr kochendem Wasser übergossen und nach 5–10 Minuten Ziehzeit abgeseiht.
Tagesdosis: 3-mal täglich 5 ml pro 1 kg Körpergewicht; bei Magengeschwüren lauwarm und mind. 5-mal täglich

Glycerin-Extrakt

10 g Kamillenblüten werden mit 70 g Glycerin (99,5 %) und 30 ml Wasser extrahiert (→ Seite 34 und 40 f.).
Tagesdosis: 3-mal täglich 0,3 ml pro 1 kg Körpergewicht; bei Magengeschwüren mindestens 5-mal täglich

Sinnvolle Kombinationen

Je nach Anwendungsgebiet kann die Kamille mit anderen Heilpflanzen kombiniert werden.

Nebenwirkungen, Gegenanzeigen und Kontraindikationen

Bei Allergien gegen Korbblüter sollte auf die Anwendung der Kamille verzichtet werden. Besonders, wenn die Echte Kamille mit Blüten der Hundskamille verunreinigt ist, können allergische Reaktionen auftreten.

Große KAPUZINERKRESSE

Tropaeoleum majus

Pflanzliches Antibiotikum

Die Kapuzinerkresse kommt ursprünglich aus Südamerika und verbreitete sich ab dem 16. Jahrhundert als Zierpflanze in den Gärten Europas. In ihrer Heimat wurde sie bereits von den Inkas als Heilpflanze genutzt, doch in Europa war ihre Heilwirkung lange unbekannt, dabei sind die oberirdischen Pflanzenteile ein wirksames Heilmittel gegen bakterielle, virale und mykotische Infektionen.

Wirkstoffe

Die Kapuzinerkresse enthält Senfölglykoside, aus denen im Körper Benzylsenföl abgespaltet wird. Dieses wird sowohl über den Harn ausgeschieden als auch über die Atemwege abgeatmet und hemmt das Wachstum von Bakterien, Viren und Pilzen. Weitere Inhaltsstoffe sind das abwehrsteigernde Vitamin C, entzündungshemmende Flavonoide und Carotinoide.

Zubereitungsformen und Dosierungen

Die Kapuzinerkresse wird gegen Infektionen der Harn- und der Atemwege angewendet. Durch ihren scharfen Geschmack wird sie oft nicht freiwillig aufgenommen und kann, pur verfüttert, die Schleimhäute reizen. Greifen Sie auf ein Fertigarzneimittel zurück.

Fertigarzneimittel in Kapselform

Angocin® Anti-Infekt N enthält Kapuzinerkresse und Meerrettich als pflanzliche Antibiotika-Kombination. Die Tabletten sollten nach der Fütterung verabreicht werden.
Tagesdosis: 3-mal täglich 1 Tablette pro 10 kg Körpergewicht

Große Kapuzinerkresse

Merkmale

1- bis mehrjährige Staude
15–30 cm hoch
Blüte
Juli–Oktober
5 leuchtend gelbe, orange oder rote Blütenblätter
Blätter
fast kreisförmig
9 von Blattmitte sternförmig ausgehende Blattnerven
Stängel
wächst kletternd oder kriechend
Vorkommen
Gartenpflanze
ursprünglich aus Süd- und Mittelamerika
Sammelzeitpunkt
Juli–Oktober
Verwendeter Bestandteil
oberirdische Teile
Wirkung
antimikrobiell, durchblutungsfördernd, immunstimulierend

Anwendungsgebiete

Innerlich
Infektionen der Harnwege und Luftwege

Sinnvolle Kombinationen

Bei Infektionen der Atemwege sollte Kapuzinerkresse mit schleimlösenden (z. B. Lindenblüten oder Fichtensprossen) und abwehrsteigernden (z. B. Sonnenhut) Heilkräutern kombiniert werden. Zur Therapie von Harnwegsinfekten sollte Kapuzinerkresse mit harntreibenden (z. B. Brennnessel- oder Birkenblätter) und gegebenenfalls krampflösenden (z. B. Löwenzahn oder Liebstöckel) Heilkräutern kombiniert werden.

Nebenwirkungen, Gegenanzeigen und Kontraindikationen

Kapuzinerkresse sollte sowohl bei Nierenerkrankungen wie auch Magen-Darm-Geschwüren nicht angewendet werden. Bei hoher Dosierung über einen längeren Zeitraum können Magenprobleme auftreten, deshalb nicht länger als 4 Wochen anwenden.

INFO

ALTERNATIVPFLANZE

Auch aus der Wurzel des Meerrettichs *(Armoracia rusticana)* wird im Körper Senföl abgespalten. Aufgrund seiner Schärfe sollte Meerrettich nicht pur an Hunde verabreicht werden. Das Fertigpräparat Angocin®, das eine Mischung aus Kapuzinerkresse und Meerrettich enthält, ist jedoch gut verträglich.

KNOBLAUCH

Allium sativum

Übel riechendes Parasitenmittel

Wichtig: Schwach giftig!

In mehreren Studien erwies Knoblauch sich als wirksam gegen Magen-Darm-Würmer und Kokzidien. Auf Grund seiner giftigen Wirkung sollte die Anwendung von Knoblauch bei Hunden auf diese Indikation beschränkt werden.

Wirkstoffe

Knoblauch enthält im frischen Zustand die Aminosäure Alliin und das Enzym Alliinase. Bei der Zerstörung der Zellen, z. B. während der Verdauung, spaltet die Alliinase aus Alliin pharmakologisch aktive Substanzen, z. B. Ajoen, ab.

Zubereitungsformen und Dosierungen

Innerliche Anwendung

Getrocknetes Knoblauchpulver

Knoblauchpulver mit einer Briefwaage wiegen und exakt dosieren. Mit dem normalen Futter vermischt fressen die meisten Hunde Knoblauch problemlos.
Tagesdosis: 1-mal täglich 0,1 g pro 1 kg Körpergewicht an maximal 3–5 Tagen hintereinander

Nebenwirkungen, Gegenanzeigen und Kontraindikationen

Bei Überdosierung kommt es zu Erbrechen, Durchfall, Herzrasen, Atembeschwerden und Zerstörung der roten Blutkörperchen. Besonders die Rassen Akita und Shiba sind diesbezüglich empfindlich.

Merkmale

Ausdauerndes Kraut
bis 90 cm hoch
Blüte
rosa-rötlich
in fast kugeligen Dolden
Blätter
bläulich
linealisch
Wurzel
ausdauernde Zwiebel
vermehrt sich durch Teilung; bildet so Zehen

Vorkommen
Gartenpflanze
Erntezeitpunkt
Herbst
Verwendeter Bestandteil
Zehen
Wirkung
antiparasitisch

Anwendungsgebiete

Innerlich
Magen-Darm-Parasiten

Echter LAVENDEL

Lavandula officinalis

Duftende Beruhigung

Lavendel stammt ursprünglich aus dem Mittelmeerraum, wird aber inzwischen in fast ganz Europa als Gartenpflanze kultiviert. Seine intensiv duftenden Blüten wurden bereits im Altertum medizinisch genutzt. In aktuellen Vergleichsstudien zeigte sich der Lavendel ähnlich wirksam wie chemische Vergleichspräparate. Bei Hunden kann er zum Beispiel bei Gewitterangst, bei Angst vor dem Alleinsein oder Aggressionen in der Scheinträchtigkeit helfen.

Wirkstoffe

Lavendelblüten enthalten bis zu 3 % ätherische Öle, welche für die angstlösende, beruhigende, aber auch antibakterielle und insektenrepellierende Wirkung des

Lavendels verantwortlich sind. Die Kaffeesäureester und Flavonoide des Lavendels wirken entzündungshemmend und juckreizstillend.

Zubereitungsformen und Dosierungen

Äußerlich wird Lavendel bei juckenden Hauterkrankungen, innerlich bei Ängstlichkeit und Unruhe verwendet.

Innerliche und äußerliche Anwendung

Sowohl für die äußerliche als auch für die innerliche Anwendung eignet sich ein Aufguss aus Lavendelblüten.

Merkmale

Ausdauernder Strauch
bis 80 cm hoch
Blüte
Juni–August
violett
5 teilweise verwachsene Blütenblätter
Blätter
lanzettlich
ungestielt
meist ganzrandig
Stängel
jung oft vierkantig
Vorkommen
Gartenpflanze
sonnige, trockene Böden
Sammelzeitpunkt
Juni–August

Verwendeter Bestandteil
Blüte
Wirkung
angstlösend, beruhigend, juckreizstillend, repellierend, krampflösend

Anwendungsgebiete

Äußerlich
Insektenrepellens
Innerlich
Ängstlichkeit, Unruhe, juckende Hauterkrankungen, Scheinträchtigkeit

Aufguss

1 TL Lavendelblüten (ca. 0,8 g) mit 150 ml kochendem Wasser übergießen, 10 Minuten ziehen lassen und abseihen. Äußerlich juckende Entzündungen der Haut mehrmals täglich mit dem Aufguss betupfen oder mit getränkten Kompressen belegen.
Tagesdosis innerlich: 3-mal täglich 5 ml pro 1 kg Körpergewicht mit dem Futter oder dem Trinkwasser verabreichen

Nebenwirkungen, Gegenanzeigen und Kontraindikationen

Es sind keine bekannt.

INFO

INSEKTENREPELLENS

Lavendel wirkt abschreckend auf viele Insekten. 5 Tropfen des ätherisches Öls werden mit 100 ml Wasser gemischt und in eine Spritzflasche gefüllt. Vor dem Spaziergang wird der Hund am ganzen Körper mit der verdünnten Lösung benetzt. Bitte darauf achten, dass keine Flüssigkeit in die Augen kommt. Alternativ kann auch der unverdünnte Aufguss als Repellens genutzt werden.

LIEBSTÖCKEL

Levisticum officinale

Würziger Krampflöser

Die Blätter und Stängel des Liebstöckels riechen intensiv würzig, weshalb die Pflanze landläufig auch als »Maggikraut« bezeichnet wird. Bereits im Mittelalter wurde sowohl in der Human- als auch in der Tiermedizin die harntreibende und krampflösende Wirkung seiner Wurzel beschrieben. Ursprünglich als Gartenpflanze aus dem Mittelmeergebiet eingeführt, tritt er inzwischen auch verwildert auf.

Wirkstoffe

Für den intensiven Geruch des Liebstöckels sind ätherische Öle verantwortlich, die bis zu 1 % der Inhaltsstoffe ausmachen. Weitere Inhaltsstoffe sind Cumarine, Phenolcarbonsäuren und Vitamin C.

Zubereitungsformen und Dosierungen

Innerliche Anwendung

Die Wurzel des Liebstöckels wird als harntreibende und krampflösende Heilpflanze bei Entzündungen der Harnwege und zur Vorbeugung von Nieren- und Blasengrieß verwendet. Aufgrund ihrer krampflösenden Wirkung wird sie auch bei kolikartigen Bauchschmerzen anderer Ursache eingesetzt.

Aufguss

Um eine ausreichende Flüssigkeitsaufnahme für die harntreibende Wirkung der Liebstöckelwurzel zu gewährleisten, wird sie in der Regel als Aufguss verabreicht.

Merkmale

Ausdauernde Staude
100–200 cm hoch

Blüte
Juli–August
grün-gelbe unscheinbare Blüten in 10–12 cm großen Doppeldolden

Blätter
lang gestielt
2–3-fach gefiedert
mit wenigen Zähnen

Stängel
verzweigt

Vorkommen
Gartenpflanze
nährstoffreiche Böden

Erntezeit
September

Verwendeter Bestandteil
Wurzel

Wirkung
harntreibend, krampflösend

Anwendungsgebiete

Innerlich
Entzündungen der Harnwege, Nieren- und Blasengrieß, krampfhafte Bauchschmerzen

1 TL zerkleinerte Liebstöckelwurzel (ca. 3 g) mit 300 ml kochendem Wasser übergießen und zugedeckt 15 Minuten ziehen lassen, anschließend abseihen und abkühlen lassen.

Tagesdosis: 3-mal täglich 5 ml pro 1 kg Körpergewicht

Sinnvolle Kombinationen

Bei Harnwegserkrankungen gegebenenfalls mit harndesinfizierenden (Birnenblätter) sowie anderen harntreibenden (z. B. Brennnessel- oder Birkenblätter) Heilkräutern kombinieren.

Nebenwirkungen, Gegenanzeigen und Kontraindikationen

Liebstöckel sollte nicht verwendet werden, wenn Steine die Harnwege verlegen (Harnabsatzversuche ohne Urinabsatz) oder der Patient unter Herz- oder Niereninsuffizienz leidet. Bei Überdosierung und starker Sonneneinwirkung können Hautreizungen auftreten.

Winter**LINDE**

Tilia cordata

Linderung für gestresste Atemwege

Das Holz der Winterlinde ist sehr weich und wird deshalb gern für Schnitzarbeiten aller Art verwendet. Aus den Fasern der Rinde wird Lindenbast hergestellt, der für Bindearbeiten im Garten und beim Basteln genutzt wird. Früher wurden daraus auch Schuhe und Matten gefertigt. Linden erkennt man im Frühjahr auch sehr gut am intensiven Duft ihrer Blüten.

Wirkstoffe

Die Blüten der Winterlinde enthalten bis zu 10 % Polysaccharide, die sich reizlindernd auf die Schleimhäute legen. Außerdem enthalten Lindenblüten Flavonoide, Gerbstoffe, ätherische Öle und Kaffeesäurederivate.

Zubereitungsformen und Dosierungen

Innerliche Anwendung

Durch ihre schleimlösende, immunstimulierende und hustenstillende Wirkung werden Lindenblüten zur Behandlung von Erkrankungen der Atemwege verwendet, die mit Schnupfen, Nasenausfluss oder Husten einhergehen.

Tee

1 TL zerkleinerte Lindenblüten (ca. 1,8 g) mit 150 ml heißem, nicht mehr kochendem Wasser übergießen, 15 Minuten ziehen lassen und dann abseihen. Der mild schmeckende Tee wird von den meisten Hunden sehr gern getrunken.
Tagesdosis: 3-mal täglich 2,5 ml pro 1 kg Körpergewicht

Merkmale

Baum
bis 25 m hoch
Blüte
Juni–Juli
gelblich-weiß
3–10 Blüten mit hellem, flügelartigem Tragblatt verwachsen
Blätter
schief herzförmig
2–10 cm
gezähnt, dicklich steif
Unterseite blaugrün
Frucht
kugelig, 6 mm lang

Vorkommen
sommerwarme Wälder
Sammelzeitpunkt
zur Vollblüte im Juni
Verwendeter Bestandteil
Blüten
Wirkung
reizlindernd, schleimlösend, immunstimulierend

Anwendungsgebiete

Innerlich
Entzündungen und Infektionen der Atemwege

Glycerin-Extrakt

10 g getrocknete Lindenblüten mit 30 ml Wasser und 70 ml Glycerin (99,5 %) extrahieren (→ Seite 34 und 40 f.)
Tagesdosis: 3-mal täglich 0,3 ml pro 1 kg Körpergewicht

Sinnvolle Kombinationen

Bei Infektionen der Atemwege können Lindenblüten mit Kapuzinerkresse, Meerrettich oder Sonnenhut kombiniert werden.

Nebenwirkungen, Gegenanzeigen und Kontraindikationen

Es sind keine bekannt.

INFO

ALTERNATIVPFLANZE

Die Sommerlinde *(Tilia platyphyllos)*, die als Dorflinde seit dem Mittelalter im Zentrum vieler Ortschaften wächst, enthält die gleichen Wirkstoffe und kann ebenso wie die Winterlinde verwendet werden.

Gewöhnlicher LÖWENZAHN
Taraxacum officinale

Pusteblume für Leber und Bauchspeicheldrüse

Bereits jedes Kindergartenkind kennt die Pusteblume, den kugeligen Fruchtstand des Löwenzahns mit den watteartigen Schirmchen. Während die jungen Blätter der Pflanze als Salat gegessen werden können, spielt in der Naturheilkunde die dunkelbraune bis schwarze Wurzel die wichtigere Rolle. Sie kann bis zu 2 m lang werden.

Wirkstoffe

Löwenzahnwurzel enthält viele Bitterstoffe, die für die krampflösende und leber- und gallenstärkende Wirkung verantwortlich sind. Des Weiteren enthält die Wurzel Triterpene, Phytosterole, Flavonoide und Phenylcarbonsäuren. Die Löwenzahnblätter enthalten die gleichen Wirkstoffe, jedoch in deutlich geringerer Konzentration.

Durch ihren hohen Mineralstoffgehalt (Kalium, Kalzium und Magnesium) wirken sie entwässernd.

Zubereitungsformen und Dosierungen

Innerliche Anwendung der Wurzel

Die Wurzel des Löwenzahns kann zur Therapie von Bauchspeicheldrüsenentzündungen, Erkrankungen der Leber und der Gallengänge sowie bei krampfartigen Bauchschmerzen und Blähungen verwendet werden.

Merkmale

Ausdauernde Staude
5–40 cm hoch

Blüte
April–Juli; Körbchen mit 2,5–5 cm Durchmesser; viele goldgelbe Zungenblüten

Blätter
in Grundrosette
fiederspaltig bis fast ganzrandig
Blätter trittfest, deshalb auch oft auf Wegen

Stängel
blattlos, hohl; enthält Milchsaft

Frucht
kugeliger Fruchtstand
Früchte bräunlich, 1–2 mm mit wolligem Schirmchen

Wurzel
Pfahlwurzel

Vorkommen
sehr häufig
nährstoffreiche, tiefgründige Weiden und Wiesen

Sammelzeitpunkt
April/Mai

Verwendeter Bestandteil
Blätter und Wurzel

Wirkung der Wurzel
appetitanregend, choleretisch, entzündungshemmend, krampflösend, stoffwechselanregend

Wirkung der Blätter
entwässernd

Anwendungsgebiete

Innerlich (Wurzel)
Störungen des Gallenflusses, Lebererkrankungen, Pankreatitis, krampfartige Bauchschmerzen, Blähungen

Innerlich (Blätter)
Harnwegsentzündungen, Ödeme

Frischpflanzen-Presssaft

Am wirksamsten ist auf jeden Fall der Frischpflanzen-Presssaft.
Tagesdosis: 3-mal täglich 0,2 ml pro 1 kg Körpergewicht

Innerliche Anwendung der Blätter

Wegen ihrer harntreibenden Wirkung eignen sich Löwenzahnblätter zur Behandlung von Harnwegsentzündungen, aufgrund des hohen Mineralstoffgehaltes jedoch nicht zur Vorbeugung oder Therapie von Nieren- oder Blasengrieß. Werden Löwenzahnblätter gegen Harnwegsentzündungen angewendet, ist es besonders wichtig, auf eine ausreichende Flüssigkeitszufuhr zu achten. Im Gegensatz zu vielen anderen pflanzlichen Harnwegstherapeutika führt Löwenzahn sonst zu einer »Entwässerung« des Körpers. Aus diesem Grund ist die Anwendung als Aufguss zu bevorzugen.

Aufguss

1 TL klein geschnittene Löwenzahnblätter (ca. 3 g) werden mit 150 ml kochendem Wasser übergossen und nach 10 Minuten Ziehzeit abgeseiht.
Tagesdosis: 3-mal täglich 2,5 ml pro 1 kg Körpergewicht

Frische Pflanze

Die jungen Blätter des Löwenzahns können klein geschnitten und unter das Futter gemischt werden.
Tagesdosis: 1-mal täglich 0,5 g pro 10 kg Körpergewicht

Sinnvolle Kombinationen

Bei Erkrankungen der Leber oder der Gallenwege ist die Kombination mit Mariendistel sinnvoll. Gegen Harnwegsentzündungen sollte Löwenzahn mit harndesinfizierenden (Birnenblätter) und gegebenenfalls mit krampflösenden (Liebstöckelwurzel) Heilkräutern kombiniert werden.

Nebenwirkungen, Gegenanzeigen und Kontraindikationen

Löwenzahn sollte nicht bei Darmverschluss, Verschluss der Gallenwege, der Harnwege, Herz- oder Niereninsuffizienz angewendet werden. Selten treten allergische Reaktionen auf den Milchsaft auf.

EXTRA

MASSAGE BEI BAUCHSCHMERZEN

Die Akupressur ist eine Massagetechnik aus der Traditionellen Chinesischen Medizin, kann von Laien ausgeführt werden und lässt sich hervorragend mit krampflösenden Heilpflanzen kombinieren.

Sorgen Sie für eine ruhige, entspannte und für Ihren Hund bequeme Atmosphäre. Ihr Hund sollte sich auf die Seite oder den Rücken legen. Beginnen Sie die Massage, indem Sie in ruhigen Bewegungen über seinen gesamten Körper und in großen Kreisen über seinen Bauch streichen.

EXTRA

Achten Sie auf besonders schmerzempfindliche und sensible Stellen. Diese sollten Sie in der Akupressur meiden bzw. nur mit äußerster Vorsicht behandeln.
Die nachfolgenden Punkte werden mittels Daumen oder Zeigefinger mit leichtem bis mäßigem Druck in kleinen kreisrunden Bewegungen massiert.

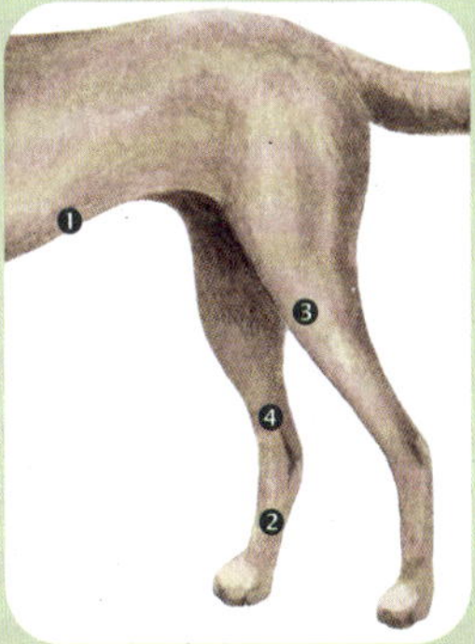

❶ **Zhongwan:** auf der bauchseitigen Mittellinie, in der Mitte zwischen Nabel und hinterem Brustbeinende

❷ **Taichong:** beidseitig auf dem oberen Drittel des zweiten (= häufig innersten) Mittelfußknochens

❸ **Zusanli:** beidseitig unterhalb des Knies außen neben der Schienbeinkante, in einer flachen Vertiefung oberhalb des Muskels

❹ **Sanyinjiao:** beidseitig an der Innenseite des Unterschenkels, oberhalb des Sprunggelenks, circa auf einem Viertel der Strecke zwischen Sprunggelenk und Knie

Achten Sie auf Ihren Hund: Welche Punkte tun ihm jetzt besonders gut, und mit wie viel Druck möchte er massiert werden? Reagiert Ihr Hund mit Abwehrbewegungen oder gar Aggression, sollten Sie die Akupressur abbrechen und einen Tierarzt oder Tierheilpraktiker zurate ziehen.

Wilde MALVE
Malva sylvestris

Reizlinderung für Haut und Schleimhaut

Malven sind nicht nur wegen des hübschen Aussehens ihrer Blüten gern gesehene Bewohner traditioneller Bauerngärten. Sie werden auch als Heilpflanze, Lebensmittelfarbstoff und Säure-Basen-Indikator genutzt. Je nach Säure- bzw. Basengehalt des Bodens sind ihre Blütenblätter eher violett oder hellrosa. Aus ihren Blüten und Blättern lässt sich außerdem ein schmackhafter Tee zubereiten. Der angenehme Geschmack ist ein erfreulicher Nebeneffekt der Malvenzubereitungen, sie werden von Hunden in der Regel gern aufgenommen. In Kombination mit bitteren oder scharf schmeckenden Heilkräutern mildern sie deren unangenehmen Geschmack.
Ihre herausragendste medizinische Eigenschaft ist die reizlindernde Wirkung auf Haut und Schleimhaut: Bei

juckenden, brennenden oder schmerzenden Entzündungen legen ihre Schleimstoffe sich wie ein Schutzmantel über die empfindliche Stelle, mildern die Symptome und fördern die Heilung.

Wirkstoffe

Ihre Blüten und Blätter enthalten bis zu 12 % Schleimstoffe (Polysaccharide), die verantwortlich sind für die reizlindernde Wirkung der Malve. Weitere Inhaltsstoffe sind Flavonoide, Cumarine und Sterole. Der geringe Gehalt an Gerbstoffen zeigt sich im milden Geschmack der Malvenzubereitungen. Die Anthocyane in den Blüten

Merkmale

Mehrjährige Staude
20–100 cm hoch

Blüte
Juni–September/Oktober
5 herzförmige, purpurfarbene oder rosaviolette Blütenblätter mit 3 dunkleren Streifen
2–6 Blüten pro Blattachsel

Blätter
bis zur Mitte in 5–7 Lappen geteilt

Vorkommen
kalkige und stickstoffreiche Böden
sonnige Wegränder und Schuttstellen

Sammelzeitpunkt
während der Blütezeit

Verwendeter Bestandteil
Blätter und Blüten

Wirkung
reizlindernd für Haut und Schleimhaut, mindert Hustenreiz, antimikrobiell, entzündungshemmend

Anwendungsgebiete

Äußerlich
nässende Ekzeme, Brandwunden, Insektenstiche, zur Abszessreifung

Innerlich
Schleimhautreizungen in Mund und Rachenraum, trockener Reizhusten, Magenschleimhautentzündungen

führen zur Farbänderung der Blütenblätter bei Änderung des pH-Wertes im Boden.

Zubereitungsformen und Dosierung

Äußerliche Anwendung

Äußerlich werden Malvenblüten und -blätter bei Insektenstichen, frischen Wunden, Brandwunden, nässenden Ekzemen, z. B. Hot-Spots, und zur Abszessreifung verwendet.

Frische Blätter

Ähnlich wie auch bei Spitzwegerichblättern kann man die Blätter der Wilden Malve zwischen den Händen gut walken, bis etwas Saft austritt. Mit dem Saft kann man Insektenstiche und frische Wunden auf dem Hundespaziergang behandeln.

Kaltmazerat

1 EL Malvenblüten oder 2 EL Malvenblätter werden mit 100 ml kaltem Wasser angesetzt. Unter häufigem Rühren mindestens 2 Stunden (besser 5–8 Stunden) stehen lassen. Nach dem Abseihen bis kurz vor dem Siedepunkt erhitzen, um Bakterien abzutöten.
Zur äußerlichen Anwendung ein sauberes Tuch mit dem Malven-Mazerat tränken und auf Wunden, Brandwunden, Hot-Spots und andere nässende Ekzeme sowie unreife Abszesse auflegen bzw. locker mit einem Ver-

band dort fixieren. Die Anwendung sollte mehrmals täglich wiederholt werden.

Tinktur

Für die Herstellung einer Malventinktur werden 10 g Malvenblüten oder Blätter mit 100 ml 40 %igem trinkbaren Alkohol extrahiert (→ Seite 31 ff.).
40 Tropfen der Tinktur in 150 ml Wasser geben. Ein sauberes Tuch mit der verdünnten Malventinktur tränken und auf gleiche Art und Weise anwenden wie das Kaltmazerat.

Innerliche Anwendung

Innerlich werden Malvenblüten gegen trockenen Reizhusten, Entzündungen im Mund- und Rachenraum sowie Magenschleimhautentzündungen angewendet.

Kaltmazerat

Zubereitung → Seite 116
Tagesdosis: 3-mal täglich 3 ml pro 1 kg Körpergewicht über das Futter geben

Glycerin-Extrakt

Für die Herstellung eines Glycerin-Extraktes 10 g Malvenblüten oder -blätter mit 100 ml Glycerin-Wasser-Gemisch extrahieren (→ Seite 34 und 40 f.).
Tagesdosis: 3-mal täglich 1 ml Extrakt pro 1 kg Körpergewicht

Sinnvolle Kombinationen

Bei Magenschleimhautentzündungen hat sich die Kombination mit Kamillenblüten (1:1) bewährt.

Nebenwirkungen, Gegenanzeigen und Kontraindikationen

Es sind keine bekannt.

INFO

ALTERNATIVPFLANZEN

Viele Vetreter der Malvengewächse, wie Echter Eibisch *(Althaea officinalis)* und Weg-Malve *(Malva neglecta)* haben eine vergleichbare Wirkung und können auf die gleiche Weise als Heilpflanze verwendet werden. Die Weg-Malve ist vor allem in Österreich auch unter dem Namen Käsepappel bekannt, weil ihre Samen aussehen wie kleine Käselaibe und ihre Blätter und Blüten für breiartige (= pappige) Umschläge verwendet wurden.

Echter Eibisch

Weg-Malve

Weißbeerige MISTEL

Viscum album

Giftig!

Pflanzliche Krebstherapie

Wichtig: Giftig, nur nach Absprache mit dem Tierarzt anwenden!

Die Mistel ist ein »Schmarotzer«, der von seinem Wirtsbaum Wasser und Salze bezieht. So wie die Mistel »geschwürartig« auf ihrem Wirtsbaum sitzt, wirkt sie auch im Organismus. Ihre krebshemmende Wirkung ist in der Humanmedizin seit Langem bekannt und wird seit 2001 auch in der Tiermedizin erforscht. Bei Hunden werden Mistelpräparate bisher erfolgreich zur unterstützenden Therapie bei Gesäugetumoren und Melanomen der Mundhöhle eingesetzt. Die Therapie sollte nur unter Anleitung eines Tierarztes und nur mit Fertigprodukten erfolgen.

Wirkstoffe

Der Wirkmechanismus der Mistel bei Tumorerkrankungen konnte bisher nicht eindeutig aufgeklärt werden. Gesichert ist, dass die in der Pflanze enthaltenen Lectine und Viscotoxine sowohl entzündungsauslösend als auch -hemmend wirken, sodass es insgesamt zu einem verlangsamten Tumorwachstum und verbessertem Allgemeinbefinden kommt.

Nebenwirkungen, Gegenanzeigen und Kontraindikationen

Die Mistel sollte nicht angewendet werden, wenn Infektionen oder Eiweißallergien vorliegen.

Merkmale

Nestartig auf Bäumen
bis 40 cm hoch
Blüte
Februar–April
Pflanzen entweder männlich oder weiblich
3–5 in Büscheln
4 gelbe Blütenblätter
Blätter
spatelförmig
Stängel
mehrfach verzweigt
Vorkommen
wächst bevorzugt auf Pappeln, Weiden und Apfelbäumen

Verwendeter Bestandteil
ganze Pflanze
Wirkung
immunmodulierend, antitumoral

Anwendungsgebiete

zur Unterstützung in der Tumortherapie

MÖHRE

Daucus carotus subsp. sativus

Wurzelgemüse gegen Durchfall

Die Gartenmöhre ist die Kulturform der wilden Möhre. Ihre Wurzeln werden seit Langem als schmackhaftes Gemüse für Gerichte aller Art geliebt. Nur wenig bekannt ist, dass sie äußerst wirksam gegen Durchfallerkrankungen ist.

Wirkstoffe

Die Karotte enthält Oligo- und Polysaccharide. Bei langer Kochzeit entstehen daraus Kohlenhydratstrukturen, die der Darmoberfläche ähneln und schädliche Bakterien binden. Durch ihren Phytosterolgehalt haben Mohrrüben außerdem eine fruchtbarkeitssteigernde Wirkung. Weitere Inhaltsstoffe sind Carotinoide (Provitamine A) und ätherische Öle.

Zubereitungsformen und Dosierungen

Innerliche Anwendung

Die Möhre kann als Saft, als frisches Gemüse oder als Moro'sche Karottensuppe verabreicht werden.

Karottensaft oder frische Karotten

Gegen Wurmbefall und bei Fruchtbarkeitsstörungen werden frische Karotten oder Karottensaft verwendet. Tagesdosis: 50 ml Karottensaft pro 10 kg Körpergewicht oder 50 g rohe geriebene Karotten pro 10 kg Körpergewicht

Moro'sche Karottensuppe

Bei Durchfall wird die Möhre bevorzugt als Moro'sche Karottensuppe verabreicht. Hierfür werden 500 g geschälte Karotten mit 1 l Wasser für 1–1,5 Stunden

Merkmale

2-jähriges Kraut
bis 120 cm hoch

Blüte
blüht erst im zweiten Jahr; die Wurzel wird bereits im ersten Jahr geerntet

Blätter
fiederteilig

Wurzel
dicke orange Pfahlwurzel

Vorkommen
Gartenpflanze
nährstoffreiche Böden

Erntezeit
Sommer

Verwendeter Bestandteil
Wurzel

Wirkung
antimikrobiell, durchfallhemmend, mindert Wurmbefall, fruchtbarkeitssteigernd

Anwendungsgebiete

Innerlich
Durchfall, Wurmbefall, Fruchtbarkeitsstörungen

gekocht und püriert. Die Gesamtmenge gegebenenfalls auf 1 l auffüllen und 3 g Meersalz zugeben.
Tagesdosis: 5-mal täglich 1 TL pro 10 kg Körpergewicht

Nebenwirkungen, Gegenanzeigen und Kontraindikationen

Es sind keine bekannt.

INFO

PHYSIOLOGISCHE DARMFLORA

Im Darm unserer Hunde leben eine Vielzahl unterschiedlicher Darmbakterien, die für die Verdauung eine essenzielle Rolle spielen.
Werden diese Bakterien, z. B. durch Antibiotika, zerstört oder liegen Imbalancen vor, kommt es zu Durchfällen.
Da Fructooligosaccharide ein wichtiger Nahrungsbestandteil der physiologischen Darmflora sind, können die guten Bakterien aus dem Darm durch eine entsprechende Ernährung wirkungsvoll unterstützt werden.
Fructooligosaccharid-reich sind neben der Gartenmöhre auch Bananen, Tobinambur und Schwarzwurzeln. Bei besonders schwerwiegenden Imbalancen kann ein Teil der guten Bakterien auch durch stichfesten Naturjoghurt oder auf den Hund abgestimmte Probiotika zugeführt werden.

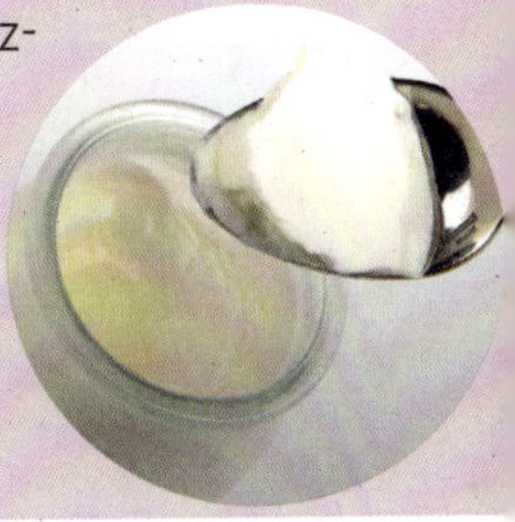

Echte PFEFFERMINZE

Mentha x piperita

Gegen Erbrechen und Bauchkrämpfe

Die Echte Pfefferminze ist eigentlich eine Kreuzung aus zwei Minzarten und kann nicht über Samen vermehrt werden. Ob und inwieweit die aus spontaner oder gezielter Kreuzung entstehende Pfefferminze heilende Wirkung hat, ist für Laien nicht erkennbar. Aus diesem Grund sollte für die Anwendung als Heilpflanze bevorzugt auf käuflich erwerbbare Pfefferminze in Arzneibuchqualität zurückgegriffen werden.

Wirkstoffe

Pfefferminzblätter enthalten bis zu 4 % Menthol, ein ätherisches Öl. Dieses blockiert die Kalziumkanäle der Magen- und Darmmuskulatur. Die Muskulatur entspannt sich, Übelkeit, Erbrechen und Krämpfe werden gelindert.

Der gezielte Transport des Magen-Darm-Inhalts nach hinten wird gefördert. Weitere Inhaltsstoffe sind entzündungshemmende Flavonoide und Gerbstoffe.

Zubereitungsformen und Dosierungen

Innerliche Anwendung

Pfefferminzblätter werden zur Behandlung bevorzugt als Aufguss angewendet. Besonders bei Übelkeit und Erbrechen wird der Aufguss zu Beginn alle 1–2 Stunden teelöffelweise verabreicht.

Aufguss

2 TL (ca. 1,2 g) mit 150 ml kochendem Wasser übergießen und nach 10 Minuten Ziehzeit abseihen.

Merkmale

Ausdauerndes Kraut
bis 90 cm hoch
Blüte
Juni–September
rosa bis violett
in endständigen Ähren
Blätter
gekreuzt gegenständig, eiförmig bis lanzettlich
Blattrand gezähnt
Blattnerven oft violett
Stängel
wenig verzweigt, behaart
Vorkommen
Gartenpflanze und verwildert

Sammelzeitpunkt
Juni–September
Verwendeter Bestandteil
Blätter
Wirkung
gegen Erbrechen; krampflösend, verdauungsfördernd, schmerzlindernd, entzündungshemmend

Anwendungsgebiete

Innerlich
Übelkeit und Erbrechen, krampfartige Bauchschmerzen, Blähungen

Tagesdosis: 15 ml pro kg Körpergewicht über den Tag verteilt in kleinen Mengen

Sinnvolle Kombinationen

Pfefferminzblätter können gut mit Kamillenblüten (1:1) kombiniert werden.

Nebenwirkungen, Gegenanzeigen und Kontraindikationen

Bei Erkrankungen der Leber Pfefferminzblätter nur in Rücksprache mit dem behandelnden Arzt anwenden.

INFO

BITTERSTOFFE ALS SCHUTZ

Viele Heilpflanzen schmecken bitter. Dies ist nicht nur für die Pflanze ein wirkungsvoller Schutz vor Fressfeinden, sondern Bitterstoffe schützen auch Tiere und Menschen gegen Vergiftungen, weil sie von diesen bitter schmeckenden Pflanzen in der Regel keine größeren Mengen freiwillig zu sich nehmen.

Im Krankheitsfall, also genau dann, wenn wir oder unser Hund die Wirkstoffe der Heilpflanzen benötigen, steigt die Toleranz für bittere Nahrungsmittel. Heilpflanzen, die im Normalfall wegen ihres bitteren Geschmacks gemieden werden würden, werden plötzlich gern genommen und sogar als wohlschmeckend empfunden.

RINGELBLUME

Calendula officinalis

Die Wundheilerin

Die auffällig gelb-orange blühende Ringelblume wurde im 12. Jahrhundert von Hildegard von Bingen erstmalig beschrieben und bei entzündlichen Erkrankungen der Haut und Schleimhaut angewendet. In mehreren wissenschaftlichen Studien konnte inzwischen nachgewiesen werden, dass die Ringelblume die Wundheilung hochsignifikant beschleunigt. Weniger bekannt ist, dass Ringelblumen auch einen schmerzlindernden Effekt haben.

Wirkstoffe

Ringelblumenblüten enthalten Carotinoide, die chemisch mit Vitamin A verwandt sind und die Wundheilung fördern. Für den entzündungshemmenden Effekt der Ringelblume sind Flavonoide und Triterpene verantwortlich. Insgesamt enthalten Ringelblumenblüten über 60 wirksame Komponenten, deren Wirkweise im Einzelnen noch nicht geklärt ist.

Zubereitungsformen und Dosierungen

Die Zungenblüten der Ringelblume werden vor allem äußerlich angewendet und gehören zu den effektivsten Heilpflanzen bei verschmutzten Wunden.

Äußerliche Anwendung

Aufguss

Das effektivste Mittel zur Wundreinigung ist ein frisch hergestellter Aufguss. 2 TL (ca. 1,6 g) getrocknete

Merkmale

1-jähriges Kraut
bis 70 cm
Blüte
Juni–Oktober
Korbblütler
gelb-orange
Blütendurchmesser bis 4 cm
Blätter
lanzettlich bis eiförmig
behaart
Stängel
kantig
behaart

Vorkommen
Gartenpflanze und verwildert
nährstoffreiche, lose Böden
Sammelzeitpunkt
Juni–Oktober
Verwendeter Bestandteil
Blüte (nur Zungenblüten!)
Wirkung
antiseptisch, entzündungshemmend, wundheilungsfördernd, immunstimulierend

Anwendungsgebiete

Äußerlich
Wunden, Entzündungen der Haut

Zungenblüten werden mit 150 ml kochendem Wasser übergossen. Nach 10 Minuten Ziehzeit wird der Aufguss abgeseiht. Die verschmutzten Wunden mit dem Aufguss spülen, um sichtbare und unsichtbare Verschmutzungen zu entfernen. Anschließend die Wunde mehrfach täglich mit einer getränkten Kompresse beziehungsweise einem feuchten Umschlag abdecken.
Zur Behandlung von schlecht heilenden Wunden oder Entzündungen der Haut werden ebenfalls getränkte Kompressen bzw. Umschläge verwendet.
Tagesdosis: mindestens 3-mal täglich auflegen und gegebenenfalls mit einem Verband locker fixieren

Tinktur

Zwar ist ein frischer Aufguss vorzuziehen, doch nicht immer hat man die Möglichkeit, diesen zuzubereiten. Für diese Fälle ist es sinnvoll, immer eine Flasche Ringelblumen-Tinktur vorrätig zu haben, z. B. wenn man verreist. 10 g Zungenblüten mit 100 ml 40%igem Alkohol extrahieren (→ Seite 31 ff.). 1 TL Tinktur (ca. 5 ml) mit 250 ml Wasser verdünnen.
Tagesdosis: verdünnte Tinktur wie den Aufguss verwenden

Öl

Besonders bei trockenen, schuppigen Hauterkrankungen eignet sich Öl zur äußerlichen Behandlung. 10 g Zungenblüten werden mit 100 ml Mandelöl extrahiert. Das Öl

sollte mindestens 14 Tage an einem dunklen, nicht zu kühlen Ort ziehen, bevor es abgeseiht wird.
Tagesdosis: betroffene Hautareale mehrmals täglich mit dem Öl einreiben

Salbe

Auch die Zubereitung als Salbe zur Wundbehandlung ist möglich. Sie sollte erst zum Einsatz kommen, wenn die Wunde schon oberflächlich geschlossen ist, um die weitere Hautregeneration zu unterstützen; eignet sich auch nach dem Fädenziehen zur unterstützenden Behandlung von Operationswunden. Die einfachste Art, eine Salbe herzustellen ist, 10 g getrocknete oder 20 g frische Zungenblüten mit 100 g Kokosfett zu extrahieren. Das Kokosfett wird im Wasserbad auf 40–50 °C erwärmt, die Blüten werden zugegeben und unter regelmäßigem Rühren bei gleichbleibender Temperatur für 2–3 Stunden extrahiert. Anschließend werden die Blütenblätter abfiltriert. Beim Abkühlen wird das Kokosfett wieder fest.
Tagesdosis: betroffene Hautareale mehrmals täglich mit der Salbe behandeln

Nebenwirkungen, Gegenanzeigen und Kontraindikationen

Ringelblumenblüten sollten nicht angewendet werden, wenn Allergien gegen andere Korbblütler vorliegen. Um das Auftreten von Allergien zu vermeiden, sollten nur die Zungenblüten verwendet werden.

Echter SALBEI

Salvia officinalis = Salvia tomentosa

Entzündungshemmend für Haut, Schleimhaut und Gesäuge

Der Echte Salbei stammt ursprünglich aus dem Mittelmeerraum und wird bereits seit mehreren Hundert Jahren aufgrund seiner heilenden und geschmacklichen Eigenschaften in Mitteleuropa kultiviert. Seine Heilwirkung fand sogar Eingang in seine lateinische Bezeichnung, die sich von dem Verb *salvare* = heilen ableitet.

Wirkstoffe

Salbeiblätter enthalten Flavonoide und Hydroxyzimtsäuren, die antioxidativ und dadurch entzündungshemmend wirken. Für die antibakterielle, antivirale und antimykotische Wirkung sind die ätherischen Öle des Salbeis verantwortlich, die bis zu 8 % ausmachen können. Des Weiteren enthalten Salbeiblätter Steroide, die wehenauslösend sein können, die Milchbildung reduzieren beziehungsweise abschwellend auf das Gesäuge wirken.

Zubereitungsformen und Dosierungen

Salbei kann sowohl innerlich als auch äußerlich angewendet werden.

Äußerliche Anwendung

Sowohl bei Scheinträchtigkeit als auch zur Gesäugerückbildung nach dem Absetzen der Welpen können Umschläge mit einem Salbei-Aufguss gemacht werden. Aufgrund seiner antiseptischen und entzündungshemmenden Eigenschaften eignet Salbei sich zur Therapie von Wunden und Entzündungen der Haut und Schleimhaut. Auch bei Scheinträchtigkeit mit Milchbildung kann er äußerlich als Tinktur und Aufguss verwendet werden.

Aufguss

2 TL getrocknete Salbeiblätter werden mit 150 ml nicht mehr kochendem Wasser übergossen. 10 Minuten ziehen lassen und dann abseihen. Kompressen oder saubere Tücher mit dem Aufguss tränken und für 10 bis 15 Minuten auf die Wunden oder das Gesäuge auflegen. Tagesdosis: mindestens 3-mal täglich wiederholen

Tinktur

10 g Salbei werden mit 100 ml 40 %igem Alkohol extrahiert (→ Seite 31 ff.).

Tagesdosis: für Kompressen und Umschläge 1 ml Tinktur mit 100 ml Wasser mischen und mehrmals täglich auf Wunden oder das Gesäuge auflegen

Innerliche Anwendung

Innerlich wird Salbei beim Hund vor allem zur Therapie von entzündlichen Erkrankungen oder Wunden in Mundhöhle und Rachen verwendet. Er kann aber auch zur Therapie von Durchfall und zur Gesäugerückbildung bei Scheinträchtigkeit bzw. nach dem Absetzen der Welpen innerlich eingesetzt werden.

Merkmale

Staude
bis 80 cm hoch

Blüte
Juni und Juli
violett oder weiß
Quirle mit 4–10 Blüten

Blätter
lanzettlich, 5–15 cm lang
Rand glatt, manchmal schwach gekerbt
im unteren Teil der Pflanze mit Stiel
paarweise gegenständig angeordnet
junge Blätter weißfilzig behaart

Stängel
am Grund verholzt, im unteren Teil behaart

Vorkommen
Gartenpflanze
wärmeliebend und nur bedingt winterhart

Sammelzeitpunkt
Juni/Juli

Verwendeter Bestandteil
Blätter

Wirkung
antiseptisch, entzündungshemmend, verdauungsfördernd, krampflösend, hemmt Milchbildung

Anwendungsgebiete

Äußerlich
Wunden und Entzündungen der Haut, Scheinträchtigkeit bzw. Gesäugerückbildung

Innerlich
Entzündungen im Mund- und Rachenraum, Durchfall, Scheinträchtigkeit bzw. Gesäugerückbildung

Tee

Für Erkrankungen der Mundhöhle und des Rachens ist Tee die bevorzugte Anwendungsart. Sie können den Tee statt Trinkwasser anbieten, mit dem Futter mischen oder mithilfe einer Spritze versuchen, ihn in den entsprechenden Bereich der Mundhöhle einzugeben. 2 TL getrocknete Salbeiblätter (ca. 3 g) mit 150 ml nicht mehr kochendem Wasser übergießen, 10 Minuten ziehen lassen und abseihen.
Tagesdosis: 3-mal täglich 5 ml pro 1 kg Körpergewicht

Getrockneter oder frischer Salbei

Falls Ihr Hund Salbeitee ablehnt, können Sie getrockneten oder frischen Salbei unter das Futter mischen.
Tagesdosis: 1 TL (ca. 1,5 g) getrockneter Salbei pro 10 kg Körpergewicht

Sinnvolle Kombinationen

Bei entzündlichen Erkrankungen des Rachens mit Husten eignet sich eine Kombination mit Fichtenspitzen im Verhältnis 1:1.

Nebenwirkungen, Gegenanzeigen und Kontraindikationen

Salbei ist nicht zur Anwendung bei trächtigen Hündinnen und Welpen geeignet. Da Salbei die Milchsekretion hemmt, sollte er bei säugenden Hündinnen nur eingesetzt werden, wenn diese Wirkung erwünscht ist.

Echte SCHLÜSSELBLUME

Primula veris

Perfekter Schleimlöser

Wichtig: Schlüsselblumen stehen unter Naturschutz, können aber als Gartenpflanze kultiviert oder käuflich erworben werden. Sie ist nicht nur selbst vom Aussterben bedroht, sondern auch eine wichtige Futterpflanze für mehrere vom Aussterben bedrohte Schmetterlingsarten.

Beim erwachsenen Menschen werden nicht nur die Blüten, sondern auch die Wurzeln verwendet, die einen höheren Wirkstoffgehalt haben. Die Wurzeln sind jedoch wenig schmackhaft und führen häufiger zu Reizungen der Magenschleimhaut. In der Tiermedizin bevorzugt man deshalb, genauso wie in der Kinderheilkunde, die Blüten der Schlüsselblume.

Wirkstoffe

Die Blüten enthalten Saponine. Diese verflüssigen den Schleim bei Entzündungen der Atemwege und aktivieren zusätzlich über den Vagusnerv den Transport des Schleimes nach außen. Schlüsselblumenblüten enthalten auch Derivate der Salicylsäure, sodass sie zusätzlich entzündungshemmend wirken.

Zubereitungsformen und Dosierungen

Innerliche Anwendung

Primelblüten werden sowohl bei akuten als auch bei chronischen entzündlichen Erkrankungen der Atemwege angewendet, um die Schleimlösung zu fördern und das Abhusten zu erleichtern.

Aufguss

½ TL getrocknete, zerkleinerte Blüten (ca. 0,5 g) mit 100 ml kochendem Wasser übergießen, das Ganze 10 Minuten ziehen lassen, abseihen und ausreichend abkühlen lassen.
Tagesdosis: 3-mal täglich bis zu 2,5 ml pro 1 kg Körpergewicht

Sinnvolle Kombinationen

Die Primelblüten sind relativ teuer, weshalb sie eher selten allein verwendet werden, sondern meist in leicht reduzierter Dosis mit weiteren schleimlösenden Heilkräutern, z. B. Fichtenspitzen oder Fenchel, kombiniert werden.

Nebenwirkungen, Gegenanzeigen und Kontraindikationen

Bei Überdosierung kann es zu Magenschleimhautreizungen und Übelkeit kommen.

Merkmale

Staude
10–30 cm hoch
Blüte
April–Juni
5 goldgelbe Blütenblätter mit orangenen Flecken
Blüte 0,8–1,5 cm
Dolden aus 5–20 Blüten
Kelch grün und kantig
Blätter
in Grundrosette
bis zu 12 cm lang
runzelig
Vorkommen
Wiesen, Waldränder, lichte Wälder
magere, basenreiche, meist kalkreiche Böden

Sammelzeitpunkt
Frühjahr
Verwendeter Bestandteil
Blüten mit Kelch
Wirkung
schleimlösend, entzündungshemmend, antibakteriell

Anwendungsgebiete

Innerlich
schleimige Entzündungen der Atemwege

Purpurfarbener SONNENHUT
Echinacea purpurea

Purpurfarbene Power für die Abwehr

Die immunstimulierende Wirkung des Sonnenhutes wurde in mehreren Studien experimentell untersucht. Immunstimulanzien sollten nicht über einen längeren Zeitraum, sondern nur als 5- bis 10-tägige Kur verabreicht werden, um eine Erschöpfung des Immunsystems zu vermeiden.

Wirkstoffe

Die Wurzel des Sonnenhutes enthält Polysaccharide, welche die Aktivität weißer Blutkörperchen (Granulozyten, Makrophagen und T-Helferzellen) steigern. Des Weiteren verändern sie die Zusammensetzung der Entzündungsmediatoren. Die für die virale Abwehr wichtigen Interleukine 1 und 6 werden vermehrt gebildet, während das Zytokin TNF-alpha, das unter anderem zum Absterben körpereigener Zellen führt, vermindert ausgeschüttet wird. Ebenfalls enthalten in Sonnenhut sind Kaffeesäurederivate. Sie aktivieren die Zellen des Bindegewebes und unterstützen so die Wundheilung. Weitere Inhaltsstoffe sind Flavonoide (nur in den oberirdischen Teilen) und ätherisches Öl.

Zubereitungsformen und Dosierungen

Äußerliche Anwendung

Äußerlich werden Umschläge mit verdünntem Frischpflanzen-Presssaft zur Therapie schlecht heilender und gegebenenfalls infizierter Wunden verwendet.

Merkmale

Ausdauerndes Kraut
bis 120 cm hoch
Blüte
Mai–Oktober
Korbblütler
Zungenblüten purpurfarben, leicht hängend
Röhrenblüten rot-orange
Korbboden nach oben gewölbt
Blätter
gestielt
lanzettlich
bis 12 cm lang
Blattrand meist gezähnt
Stängel
bräunlich-grün, meist behaart

Vorkommen
felsige, sonnige, nicht zu trockene Standorte
Sammelzeitpunkt
oberirdische Teile während Vollblüte im Juni–September, Wurzel im Spätherbst
Verwendeter Bestandteil
ganze Pflanze inklusive Wurzel
Wirkung
immunstimulierend, wundheilungsfördernd

Anwendungsgebiete

Steigerung der körpereigenen Abwehrkräfte, schlecht heilende Wunden

Frischpflanzen-Presssaft

15 ml Frischpflanzen-Presssaft werden mit 85 ml Wasser gemischt. Mindestens 3-mal täglich eine Kompresse mit dem Sonnenhut-Wassergemisch tränken und für 10 Minuten auf der betroffenen Stelle liegen lassen. Gegebenenfalls mit einem Verband locker fixieren.

Innerliche Anwendung

Sonnenhut wird zur Steigerung der Abwehrkräfte bei akuten, chronischen oder wiederkehrenden Infektionen, besonders der Atemwege, verwendet.

Frischpflanzen-Presssaft

Der Frischpflanzen-Presssaft des Sonnenhuts ist ein weitverbreitetes abwehrsteigerndes Heilmittel und in vielen Apotheken, Drogerien und Reformhäusern stets vorrätig.
Tagesdosis: 1-mal täglich 1–2 ml pro 10 kg Körpergewicht

INFO

FARBVARIANTE

Auf unserem Titelbild ist eine Farbvariante des Purpurfarbenen Sonnenhutes abgebildet. Viele beliebte Heilpflanzen sind für den Garten auch in solchen Varianten erhältlich. Erkundigen Sie sich jedoch vorher beim Hersteller, ob die Farbvarianten sich auch für die Verwendung als Heilkraut eignen.

Glycerit

Zur Herstellung eines Glycerin-Extraktes 10 g Sonnenhut mit 70 g Glycerin (99,5 %) und 30 ml Wasser extrahieren (→ Seite 34 und 40 f.).
Tagesdosis: 1-mal täglich 0,3 ml pro 1 kg Körpergewicht

Sinnvolle Kombinationen

Je nach Sitz der Erkrankung sollte die Therapie mit weiteren zum Symptomkreis/Organsystem passenden Heilkräutern ergänzt werden. Sonnenhut sollte nicht mit Weidenrinde kombiniert werden, da die Wirkungen sich gegenseitig aufheben.

Nebenwirkungen, Gegenanzeigen und Kontraindikationen

Bei chronisch fortschreitenden Erkrankungen wie Leukose und Autoimmunerkrankungen sollte Sonnenhut nicht angewendet werden.

INFO

ALTERNATIVPFLANZE

Sowohl der schmalblättrige Sonnenhut *(Echinacea angustifolia)* als auch der blassfarbene Sonnenhut *(Echinacea pallica)* wirken identisch.

Schmalblättriger Sonnenhut

SPITZWEGERICH

Plantago lanceolata

Erste Hilfe auf dem Hundespaziergang

Spitzwegerich wächst fast überall und ist darum die erste Wahl, wenn es gilt, unterwegs schnell Abhilfe bei Insektenstichen, Hautwunden, Ekzemen, Entzündungen von Mund, Rachen oder trockenem Reizhusten zu schaffen.
Die antibakteriellen Eigenschaften des Spitzwegerichs beschränken sich auf frische Zubereitungen (frische Pflanze und Frischpflanzen-Presssaft), deshalb sollte man ihnen den Vorzug geben.

Wirkstoffe

Spitzwegerich enthält 2–3 % antibakteriell wirkende Iridoidglycoside (Aucubin u.a.) und 2–6 % reizlindernd und entzündungshemmend wirkende Schleimstoffe. Weitere

Inhaltsstoffe sind Gerbstoffe, Flavonoide, Phenylpropane und Cumarine. Spitzwegerich enthält viel Zink, welches die Wundheilung und Hautregeneration zusätzlich unterstützt.

Anwendungsformen und Dosierungen

Äußerliche Anwendung

Bei Insektenstichen, Wunden und Entzündungen der Haut wird Spitzwegerich äußerlich angewendet.

Merkmale

Ausdauernde Staude
10–50 cm hoch

Stängel
blattlos; 5–7-fach gefurcht

Blätter
in Grundrosette
lanzettförmig
10–20 cm lang und 1–2 cm breit
3–7 deutlich erkennbare Nerven

Blüte
Mai–September
2–4 mm lang mit 4 bräunlichen Zipfeln
Staubblätter ragen weit aus Blüte heraus

Ähre
ei- oder walzenförmig
1–4 cm lang

Vorkommen
nährstoffreiche Lehmböden
weitestgehend trittfest, deshalb oft auf Weiden, Wegen oder häufig begangenen Wiesen zu finden

Sammelzeitpunkt
während der Blütezeit

Verwendeter Bestandteil
Blätter

Wirkung
antibakteriell, wundheilungsfördernd, entzündungshemmend, immunmodulierend
reizlindernd, krampflösend (Atemwege und Magen-Darm-Trakt)

Anwendungsgebiete

Äußerlich
Insektenstiche, frische Hautwunden, Entzündungen der Haut

Innerlich
Entzündungen im Mund- und Rachenraum, Entzündungen und Infektionen der Atemwege

Frische Pflanze

Ein Bündel Blätter verknoten und zwischen den Handflächen walken, bis Blattsaft austritt, oder in einem Mörser zerreiben. Die gequetschten Blätter bzw. den Pflanzenbrei auf Insektenstiche oder frische Wunden auftragen. Mehrfach wiederholen.

Frischpflanzen-Presssaft

Unverdünnt auf frische Wunden oder Insektenstiche auftragen.

Innerliche Anwendung

Bei Entzündungen der Mund- und Rachenschleimhaut, trockenem Husten sowie Entzündungen der Atemwege wird Spitzwegerich dem Hund innerlich verabreicht. Weniger bekannt ist seine krampflösende Wirkung auf den Magen-Darm-Trakt, sodass er auch bei Magen-Darm-Erkrankungen Erfolg versprechend verwendet werden kann.

Frische Blätter

Frische Spitzwegerichblätter können mit einer Schere grob zerkleinert und unter das Futter gemischt werden.
Tagesdosis: 2 g pro 1 kg Körpergewicht; gleichmäßig auf 3 Gaben verteilen

Frischpflanzen-Presssaft

Den Frischpflanzen-Presssaft 2:1 mit kaltem Wasser

mischen und mit einer Spritze direkt in den Mund eingeben.
Tagesdosis: 3-mal täglich 0,2 ml pro 1 kg Körpergewicht

Nebenwirkungen, Gegenanzeigen und Wechselwirkungen

Bei Überdosierung kann Durchfall auftreten. Gegenanzeigen und Wechselwirkungen sind nicht bekannt.

INFO

ALTERNATIVPFLANZE

Die Wirkung von Breitwegerich *(Plantago major)* ist der von Spitzwegerich vergleichbar.

SilberWEIDE

Salix alba

Silbrig glänzender Entzündungshemmer

Die Weidenrinde ist nicht nur eine äußerst wirksame Heilpflanze bei Entzündungen jeder Art. Sie ist als Frühblüher auch eine wichtige Nahrungsquelle für Bienen und Hummeln, deshalb wird sie häufig in der Nähe von Obstbäumen angepflanzt, um Bienen rechtzeitig vor der Bestäubung anzulocken. Das Holz der Weide ist biegsam, sodass dünne Zweige gern für Flechtarbeiten verwendet werden, während man aus dem Holz des Stammes Kricketschläger herstellen kann.

Wirkstoffe

Die Weidenrinde enthält bis zu 11 % Salicin und weitere Salicylate. Salicin und seine Verwandten sind wirkungslose Prodrugs, die vom Körper in Salicylsäure

umgebaut werden. Die entzündungshemmende, fiebersenkende und schmerzstillende Wirkung der Salicylsäure ist genauso hoch wie die ihres bekannteren, chemisch hergestellten Verwandten, der Acetylsalicylsäure. Weil Salicin ein wirkungsloses Prodrug ist, schädigt es bei oraler Einnahme nicht die Magenschleimhaut.
Da die wirksamen Inhaltsstoffe erst im Körper entstehen, tritt die Wirkung frühestens nach ein paar Stunden ein. Bei einer Langzeittherapie ist das Wirkungsmaximum nach ein bis vier Wochen erreicht.

Anwendungsformen und Dosierungen

Innerliche Anwendung

Weidenrinde kann innerlich als Tee oder als Glycerit verabreicht werden.

Tee

Die Weidenrinde vor Verwendung im Mörser anquetschen. 1 TL (= 1,5 g) getrocknete Weidenrinde mit 150 ml kochendem Wasser übergießen und 20 Minuten ziehen lassen oder mit kaltem Wasser ansetzen, langsam aufkochen, anschließend vom Herd nehmen und weitere 5 Minuten ziehen lassen.
Tagesdosis: 3-mal täglich 5 ml pro 1 kg Körpergewicht

Glycerit

Für die Herstellung eines Weidenrinden-Glycerits wer-

den 10 g Weidenrinde mit 75 g Glycerit (99,5 %) und 25 ml Wasser extrahiert (→ Seite 36 ff.)
Tagesdosis: 3-mal täglich 0,1 ml pro 1 kg Körpergewicht

Sinnvolle Kombinationen

Je nach Grunderkrankung können andere Heilkräuter (z. B. schleimlösend oder ebenfalls entzündungshemmend) mit Weidenrinde kombiniert werden.

Nebenwirkungen, Wechselwirkungen und Gegenanzeigen

Weidenrinde sollte nicht angewendet werden, wenn Ihr Hund gleichzeitig unter einem Magengeschwür leidet.

Merkmale

Baum
6–30 m hoch
Zweige
lang, teils überhängend, sehr biegsam
Baumstamm
oft innen hohl
Blätter
lanzettförmig
1–2 cm breit, 5–12 cm lang
Unterseite dicht seidig behaart, dadurch weißsilbriger Glanz
Blattstiel 3–10 mm
Blattrand fein gezähnt
Blüte
April–Mai
Kätzchen ca. 7 cm lang; erscheinen mit Blättern bei weiblichen Bäumen grünlich, bei männlichen gelblich
Vorkommen
sehr häufig
Fluss-, Bach- und Seeufer, Auenwaldränder
Sammelzeitpunkt
April–Mai
Verwendeter Bestandteil
innerer Teil der Rinde 1- bis 5-jähriger Zweige
Wirkung
entzündungshemmend, schmerzstillend, fiebersenkend, antiseptisch

Anwendungsgebiete

Entzündungen und Schmerzen, Lahmheit, Fieber

Weidenrinde hat keinen Einfluss auf die Blutgerinnung, im Gegensatz zu ihrem chemischen Verwandten Acetylsalicylsäure.
Weidenrinde sollte nicht gleichzeitig mit Sonnenhut gegeben werden, da die Wirkungen sich aufheben.

INFO

ALTERNATIVPFLANZEN

Die Purpurweide, auch genannt Steinweide *(Salix purpurea = pratensis)*, die Bruchweide *(Salix fragilis)* und die Reifweide *(Salix daphnoides)* haben die gleiche Wirkung wie die Silberweide und sogar einen höheren Salicingehalt, kommen jedoch deutlich seltener vor.

Purpurweide

Bruchweide

Eingriffeliger WEIßDORN

Crataegus monogyna

Dorniger Strauch zum Schutz des Herzens

Wichtig: Nur nach Absprache mit Tierarzt oder Tierheilpraktiker anwenden!

Seit dem Mittelalter werden die Blätter und Blüten des Weißdorns zur Behandlung von Herzerkrankungen genutzt. Die positiven Wirkungen auf Herzkraft, Durchblutung und Blutdruck wurden inzwischen in mehreren wissenschaftlichen Studien, auch für den Hund, nachgewiesen.
Herzerkrankungen können lebensgefährlich für Ihren Hund sein, deshalb sollten Sie Weißdorn nur unter Anleitung eines Tierarztes oder Tierheilpraktikers anwenden. Häufige Symptome für Herzerkrankungen sind nachlassende Kondition, Husten und Schweratmigkeit.

Wirkstoffe

Weißdorn enthält Gerbstoffe, oligomere Procyanidine, Flavonoide, Phenylpropanderivate und Triterpene. Die Inhaltsstoffe erhöhen die Durchblutung des Herzens und erhöhen den Kalziumgehalt in den Herzmuskelzellen. Beides führt zu einer gesteigerten Herzkraft. Außerdem wirken die Wirkstoffe erweiternd auf die Blutgefäße, sodass der Blutdruck gesenkt und der Körper besser mit Blut versorgt werden kann.

Zubereitungsformen und Dosierungen

Weißdornblätter und -blüten sollten über mindestens 6 Wochen verabreicht werden, um eine optimale Wirkung zu erzielen. Häufig ist jedoch eine lebenslange Therapie notwendig, was aufgrund der guten Verträglichkeit

Merkmale

Strauch
bis 10 m hoch
Blüte
Mai–Juni
Doldenrispen mit 8–15 mm großen Blüten; weiß mit 1 Griffel
Staubbeutel rot
Blätter
3–7 tief eingeschnittene Lappen
Stamm und Äste
dornig

Vorkommen
Waldränder und lichte Wälder sonnige Gegenden, kalkreiche Böden
Sammelzeitpunkt
Mai–September
Verwendeter Bestandteil
Blätter, Blüten und Früchte
Wirkung
herzkräftigend, blutdrucksenkend

Anwendungsgebiete

Innerlich
Herzinsuffizienz Stadium I und II, Herzrhythmusstörungen

des Weißdorns problemlos möglich ist. Aufgrund seiner Indikation bei einer lebensgefährlichen Grunderkrankung ist es sinnvoll, auf standardisierte Fertigpräparate zurückzugreifen.

Innerliche Anwendung

Frischpflanzen-Presssaft

Frischpflanzen-Presssaft des Weißdorns ist in vielen Apotheken und Reformhäusern erhältlich.
Tagesdosis: 3-mal täglich 0,1 ml pro 1 kg Körpergewicht

Nebenwirkungen, Gegenanzeigen und Kontraindikationen

Weißdorn kann die Wirkung von Digitalis-Präparaten verstärken. Nebenwirkungen sind auch bei lebenslanger Therapie bisher nicht bekannt.

INFO

ALTERNATIVPFLANZEN

Der Zweigriffelige Weißdorn *(Crataegus laevigata)* enthält ähnliche Inhaltsstoffe und kann ebenso bei Herzerkrankungen angewendet werden.

WERMUT

Artemisia absinthium

Schwach giftig!

Bitteres Kraut gegen Wurmbefall

Wichtig: Wermut wirkt schwach giftig!

Wermut wird zur Vorbeugung und Behandlung von Magen-Darm-Würmern verwendet. Bereits die englische Bezeichnung »Wormwood« deutet auf das bevorzugte Anwendungsgebiet des Wermuts hin, und auch seine lateinische Bezeichnung leitet sich vermutlich vom lateinischen Wort für Wurm (»vermis«) ab. Bei Ziegen ist die Wirkung des Wermuts wissenschaftlich untersucht worden, und es konnte nachgewiesen werden, dass Wermut effektiv gegen Würmer bei dieser Tierart wirkt. Wissenschaftliche Studien beim Hund sind bisher leider noch nicht durchgeführt worden, aber es ist davon auszugehen, dass Wermut auch bei allen anderen Säugetieren gegen Würmer im Magen-Darm-Trakt wirkt (→ Seite 36 f.).

Wirkstoffe

Wermut enthält das ätherische Öl beta-Thujon, welches in hohen Konzentrationen **giftig wirkt** und zu Sehstörungen und epileptiformen Krämpfen führen kann. Weitere Inhaltsstoffe sind Terpene, Phenylpropanderivate, Phenolcarbonsäuren und Flavonoide.

Zubereitungsformen und Dosierungen

Innerliche Anwendung

Sie können Wermut als Aufguss oder als Frischpflanzen-Presssaft verabreichen.

Merkmale

Staude
60–120 cm hoch

Blüte
Juli–September
2–4 mm große, nickende Blütenkörbchen

Blätter
fiederspaltig
silbergrau
filzig behaart
sitzend

Stängel
unten verholzend, silbergrau
filzig behaart

Vorkommen

Schutt, Wege, Felsen
mäßig trockene, salzhaltige, sonnige Böden

Sammelzeitpunkt
Juni–September

Verwendeter Bestandteil
Blätter

Wirkung
verdauungsfördernd, gegen Wurmbefall

Anwendungsgebiete

Innerlich
Wurmbefall

Aufguss

1 TL zerkleinertes, getrocknetes Wermutkraut wird mit 150 ml kochendem Wasser übergossen. Zugedeckt 10 Minuten ziehen lassen, dann abseihen. Der Aufguss schmeckt sehr bitter, am besten verabreichen Sie ihn mit einer Spritze. Prophylaktisch kann die Gabe 1-mal monatlich erfolgen.
Einmalige Dosis: 2 ml pro 1 kg Körpergewicht; auf die exakte Dosierung achten!

Frischpflanzen-Presssaft

Sie könnten Wermut auch als Frischpflanzen-Presssaft verabreichen. Da die Inhalte in angebrochenen Flaschen nur kurz haltbar sind, ist dies bei den benötigten Dosierungen in der Regel aber nicht sinnvoll.
Einmalige Dosis: 0,1 ml pro 1 kg Körpergewicht; auf die exakte Dosierung achten!

Sinnvolle Kombinationen

Wermut kann mit anderen antiparasitisch wirkenden Heilpflanzen (z. B. Gartenmöhre oder Knoblauch) kombiniert werden. Insbesondere die Mischung mit Karottensaft mindert den bitteren Geschmack.

Nebenwirkungen, Gegenanzeigen und Kontraindikationen

Bei Überdosierung können Sehstörungen und epileptiforme Krämpfe auftreten.

Anhang

Quellen

R. Beiser, H. Ell-Beiser: Heilpflanzentinkturen, Ulmer Verlag, Stuttgart 2017

S. Bäumler, Heilpflanzenpraxis heute, Elsevier Verlag, München 2021

C. Nrendieck-Worm, M. Melzig: Phytotherapie in der Tiermedizin, Thieme Verlag, Stuttgart 2021

H. Schilcher (Hrsg.): Leitfaden Phytotherapie, Urban und Fischer Verlag München 2016

S. Wynn, B. Fougère: Veterinary Herbal Medicine, Mosby Elsevier Verlag, St Louis (USA) 2006

Schmeil-Fitschen: Die Flora Deutschlands und der angrenzenden Länder, Quelle und Meyer Verlag, Wiebelsheim 2019

https://www.vetpharm.uzh.ch/perldocs/physyqry.htm (Arzneipflanzen)

https://www.vetpharm.uzh.ch/perldocs/toxsyqry.htm (Giftpflanzen)

Literatur und App zur Pflanzenbestimmung

D. Aichele, M. Golte-Bechtle, M. und R. Spohn: Was blüht denn da?, Kosmos Verlag, Stuttgart 2021

https://floraincognita.com

Bezugsquellen für Heilpflanzen

Sowohl getrocknete Heilpflanzen als auch deren Tinkturen und Frischpflanzen-Presssäfte sind in vielen örtlichen Apotheken und Reformhäusern zu finden. Sollten Sie dort nicht fündig werden, können Sie es unter folgenden Internet-Adressen versuchen:

www.meine-teemischung.de – sehr große Auswahl, auch größere Mengen erhältlich

www.vom-achterhof.de – getrocknete Kräuter in Bio-Qualität

www.schoenenberger.com – größter Hersteller von Frischpflanzen-Presssaft mit Online-Händlersuche

www.magicgardenseeds.de – Saatgut für Arzneipflanzen

Register

Bücher, die den Horizont erweitern

Prof. TCM Univ. Yunnan Li Wu
Dr. Natalie Lauer / Dr. med. vet. Dorina Lux

DIE ORGANUHR FÜR HAUSTIERE

Hund und Katze mit TCM sanft behandeln.
Mit Extra: TCM-Anwendungen für Pferde

16,95 € (D) / 17,50 € (A), ISBN 978-3-86374-620-9
Klappenbroschur, 175 Seiten

Die jahrtausendealte Heiltradition der Traditionellen Chinesischen Medizin (TCM) sieht alles Leben eingebettet in den Rhythmus der Natur; so lässt sich ihr reiches, ganzheitliches Heilwissen nicht nur für Menschen, sondern ebenso für Tiere anwenden.

Auch der Organismus unserer vierbeinigen Lieblinge unterliegt den rhythmischen Prozessen von Yin und Yang, von Tag und Nacht und den Jahreszeiten. Aktive Phasen befinden sich hierbei in einem steten Wechselspiel mit Ruhephasen. Das Wissen hierüber lässt sich zur Diagnose und Behandlung zahlreicher Beschwerden und Krankheiten nutzen, die aus einem energetischen Ungleichgewicht entstehen.

Der große Praxisteil beinhaltet Heilkräuter- und Akupressur-Anwendungen sowie Heilmassagen und -übungen.

Dr. med. vet. Dorina Lux

GRÜNE HAUSAPOTHEKE FÜR KATZEN. KOMPAKT-RATGEBER

Heimische Heilpflanzen sicher anwenden

12,– € (D) / 12,40 € (A), ISBN 978-3-86374-655-1
Klappenbroschur, durchgehend farbig, ca. 160 Seiten

Was unsere Vorfahren bereits wussten, wird heutzutage in zahlreichen wissenschaftlichen Studien neu bewiesen: Pflanzen und Kräuter aus der heimischen Umgebung sind natürliche, äußerst wirksame Heilmittel und dabei oft besser verträglich als herkömmliche Arzneimittel. Im Gegensatz zu diesen sind Heilpflanzen keinen Lieferengpässen oder Produktionsstopps unterworfen, sondern stets zuverlässig verfügbar: Sie können sie in freier Natur sammeln, bei Bedarf im Garten bzw. auf dem Balkon selbst anbauen oder einfach in geeigneter Form im Handel erwerben.

In diesem Buch erfahren Sie, wie Sie Ihrer Katze bei Beschwerden erfolgreich und sicher mit bewährten Heilpflanzen helfen können.

Auswahl aus unserer Kompakt-Reihe:

Baur/Thurner: Die besten Pilates-Übungen
ISBN 978-3-86374-272-0

Bloos: Heilsteine
ISBN 978-3-86374-311-6

Bueß-Kovács: Eisenmangel
ISBN 978-3-86374-290-4

Donhauser: Vegan kompakt
ISBN 978-3-86374-252-2

Frohn: Das kleine Buch der Hausmittel
ISBN 978-3-86374-264-5

Hätscher-Rosenbauer: Kleine Augenschule
ISBN 978-3-86374-314-7

Harnisch: Moringa oleifera
ISBN 978-3-86374-193-8

Haider-Wallner: So klappt's mit dem Welt-Retten
ISBN 978-3-86374-550-9

Höfler: Energiequelle Beckenboden
ISBN 978-3-86374-420-5

Höfler: Kleine Rückenschule
ISBN 978-3-86374-329-1

Li/Klitzner: Heiltees
ISBN 978-3-86374-184-6

Lohmann: Laborwerte verstehen
ISBN 978-3-86374-158-7

Lohmann: Naturmedizin für Frauen
ISBN 978-3-86374-515-8

Neumayer: Erste Hilfe bei Hitzewallungen & Co.
ISBN 978-3-86374-435-9

Neumayer: Multitalent Zink
ISBN 978-3-86374-317-8

Reik: Sicher als Frau
ISBN 978-3-86374-299-7

Reik: Tai Chi für zwischendurch
ISBN 978-3-86374-377-2

Reim: Faszien
ISBN 978-3-86374-287-4

Reim: Taping
ISBN 978-3-86374-361-1

Reim: Thera-Band
ISBN 978-3-86374-426-7

Rias-Bucher: Garten-Smoothies
ISBN 978-3-86374-199-0

Rias-Bucher: Keimlinge und Sprossen
ISBN 978-3-86374-364-2

Rias-Bucher: Smoothies für Körper, Geist und Seele
ISBN 978-3-86374-164-8

Röcker: Heilen mit Bachblüten
ISBN 978-3-86374-661-2

Schwinghammer: Knigge kompakt
ISBN 978-3-86374-258-4

Simonsohn: Artemisia annua
ISBN 978-3-86374-474-8

Simonsohn: Zistrose
ISBN 978-3-86374-611-7

Spitz/Grant: Vitamin D
ISBN 978-3-86374-178-5

Straubinger: Säure-Basen-Balance
ISBN 978-3-86374-255-3

Wolffskeel: Die 12 Salze des Leben
ISBN 978-3-86374-129-7

Wormer: Fibromyalgie
ISBN 978-3-86374-211-9

Wormer: Hashimoto
ISBN 978-3-86374-175-4

Wormer: Natürliche Antidepressiva
ISBN 978-3-86374-664-3

Zobernig: Räuchern für die Seele
ISBN 978-3-86374-535-6

Alles auf einen Blick:
www.gesundheit-kompakt.info

Unsere Bücher erhalten Sie bei Ihrem Buchhändler! Besuchen Sie auch unsere Internetseite mit Bestellmöglichkeit, Leseproben, Videos und Newsletter: **www.mankau-verlag.de**

man kau